DELIUS KLASING

Bibliografische Information der Deutschen Nationalbibliothek
Die Deutsche Nationalbibliothek verzeichnet diese Publikation in der Deutschen Nationalbibliografie; detaillierte bibliografische Daten sind im Internet über http://dnb.d-nb.de abrufbar.

1. Auflage 2011
ISBN 978-3-7688-5318-7

Umschlaggestaltung und Layout: Dagmar Dörpholz
Lektorat: Klaus Bartelt
Lithografie: digital I data I medien, Bad Oeynhausen
Druck: Print Consult, München

Delius Klasing Verlag, Siekerwall 21, D-33602 Bielefeld
Tel.: 0521/559-0, Fax: 0521/559-115
E-Mail: info@delius-klasing.de
www.delius-klasing.de

Inhalt

PUKY
PUKY
ZMX

Für Belinda, Uli,
Leon, Oskar und Moritz

Vorwort

Das Fahrrad ist ein faszinierendes Gefährt. So einfach seine Technik auf den ersten Blick erscheint, so großartig ist seine Wirkung auf den Fahrer. Und an dieser Stelle müssen die Fahrerinnen explizit genannt werden, denn das Fahrrad hat einen wesentlichen Beitrag zur Emanzipation der Frau geleistet. Auch hatte das Fahrrad einen großen Einfluss auf die Arbeiterbewegung und die Mobilisierung der gesamten Gesellschaft. Das klingt nicht nach einem geradlinigen Einstieg ins Thema „Fahrrad und Familie"?

O doch, und zwar weil das Fahrrad genau diese Energie auch in Ihrer Familie und bei Ihrem Kind entfalten wird. Dieses „kleine Wunder" geschieht seit über einhundert Jahren täglich wieder neu! Die Effizienz des Rades erleben, dem leisen Surren der Kette lauschen, die Natur sehen, riechen, schmecken und genießen und so persönliche Freiheit erleben, das fasziniert Klein und Groß immer wieder. Mit dem Fahrrad erweitert die junge Familie ihren Aktionsradius, und das Kind überschreitet mit Rutscher, Roller oder Laufrad erstmals die Grenzen der eigenen „Home range". So nennen Fachleute das Areal, indem sich Kinder frei bewegen und ein absolutes Sicherheitsgefühl haben.

Doch die Kulturtechnik des Radfahrens will erlernt sein. Die Teilnahme am Verkehr stellt heute eine andere Herausforderung für Kinder dar, als sie dies noch für die Generation der heutigen Eltern tat. Zwar ist das Verkehrsvolumen beträchtlich gestiegen, aber es sind auch mehr sichernde Maßnahmen wie Radwege, Tempobeschränkungen und Radfahrerampeln geschaffen worden. Radfahren ist nicht per se gefährlich. Wird es solide gelernt und spielerisch geübt und verinnerlicht, so birgt Radfahren keine besonderen Risiken. Nur am Rande: Noch immer sterben die meisten Kinder im Straßenverkehr als Mitfahrer auf dem Autorücksitz; die Wahrnehmung der Gesellschaft ist aber eine ganz andere. Überblick tut not!
Radfahren auf schlichtes Spielen und notwendige Mobiltität zu reduzieren, greift übrigens viel zu kurz. In einer bewegungsarmen Gesellschaft, in deren digitaler Ausgestaltung dingliche Reize immer reduzierter ausfallen, kann vom Radfahren(lernen) eine hohe kompensatorische Kraft ausgehen. In aller Kürze: Radfahren macht schlau und flexibel; es hält schlank und gesund. Das gilt für Hans und fürs Hänschen gleichermaßen.
Dass das Rad ein gleichermaßen günstiges, zweckmäßiges wie lustvolles Fortbewegungsmittel auf Kurzsstrecken ist, trägt viel zur Beliebtheit bei jungen Familien bei.

Ein solides Rad samt Kindersitz oder Anhänger avanciert bei vielen urban orientierten Familien zum „Anstatt-Zweitwagen". So richtet dieses Buch den Blick nicht alleine aufs Kind, sondern auf die ganze Familie. Denn mobile Kinder sind ohne mobile Eltern nicht denkbar.
Das Familien-Fahrrad-Buch soll Lust aufs Radfahren des Kindes und mit dem Kind machen. Dabei kann es keinesfalls den Besuch eines Radgeschäftes oder Arztes ersetzen, auch nicht die eine oder andere Rückfrage beim Vermieter, der Versicherung oder der Schule. Es zeigt Ihnen dafür, wie selbstverständlich, nützlich und vergnüglich das Fahrrad im Alltag der Familie sein kann.

Abschließend noch eine Bemerkung zu den Interviews in diesem Buch: Unsere Gesprächspartner widersprechen sich bisweilen, das fordert ganz bewusst Ihre persönliche Meinungsbildung. Manche Gegensätze dokumentieren schlicht unterschiedliche mögliche Zugänge zum Thema oder unterschiedliche Nutzungsweisen von Fahrrad und Zubehör. Gelegentliche inhaltliche Doppelungen lassen sich nicht vermeiden, weil bestimmte Aspekte wie etwa das Gewicht bei allen Fahrradthemen eine zentrale Rolle spielen. Dass die Interviewten bisweilen aus Firmen und Institutionen kommen, die am Thema Fahrrad und Kind auch ein wirtschaftliches oder politisches Interesse haben, spricht – wenn man es im Blick behält – nicht gegen sie. Im Gegenteil: Wer etwa als Spezialanbieter über längere Zeit im Fahrradbereich tätig ist, weiß in aller Regel sehr genau, was er tut. Viele dieser Menschen haben zudem selbst als kritische Fahrradnutzer mit Verbesserungsideen angefangen. Ein kulturelles Phänomen, das mit der Zugänglichkeit der Fahrradtechnik zu tun hat und das Fahrrad schon seit seiner Erfindung begleitet. Möge es so bleiben.

Und nun: Rauf aufs Rad! Okay, für manchen geht es erst einmal auf den Rutscher. Macht aber auch (schon) Spaß!

Gunnar Fehlau & Caspar Gebel

Proberunde mit dem Hänger ...

UNTERWEGS MIT DEM UNGEBORENEN

Radfahren in der Schwangerschaft

Wenn sich der Körper der werdenden Mutter langsam verändert, kommt oft die bange Frage auf: „Was wird aus meinem Alltag?" In einer Gesellschaft, in der Schwangersein vielfach als Krankheitszustand angesehen wird, fühlen sich junge Frauen oft dem Druck ausgesetzt, nur ja das Richtige zu tun, um dem ungeborenen Leben nicht zu schaden. Nur: Was ist das Richtige? Schonung, hört man oft, und für diejenigen Frauen, die mit den Umstellungen ihres Körpers zu kämpfen haben, ist das sicher ein guter Rat. Doch als allgemeingültiger Tipp ist etwas anderes vielleicht angebrachter: nämlich der, die Schwangerschaft als Freibrief zum Wohlfühlen zu sehen.

Und Wohlfühlen bedeutet auch, all das zu tun, was einem guttut, denn was das Wohlbefinden der Mutter fördert, kommt auch dem werdenden Leben in ihrem Bauch zugute. Und Bewegung gehört natürlicherweise dazu, auch und gerade auf dem Fahrrad.

Fahrradfahren, im individuell richtigen Maß betrieben, hat eine ganze Reihe gesundheitsfördernder Eigenschaften – auf Neudeutsch „Benefits" genannt. Die sanfte Beanspruchung des Herz-Kreislauf-Systems macht munter und stärkt den Körper; die Muskulatur wird fit gehalten und auch für die Gelenke ist die gleichmäßige Bewegung bei geringen Belastungen eine Wohltat.

Schwangere Frauen können in ihrer besonderen Situation zusätzlich vom Radfahren profitieren: So erschlafft während der Schwangerschaft die Gefäßmuskulatur, was zusammen mit der zunehmenden Blutgerinnungsfähigkeit das Thromboserisiko in den Beinen erhöht. Hier wirken sich die durchblutungsfördernden Eigenschaften des Radelns positiv aus. Auch das Risiko einer Schwangerschaftsdiabetes sinkt durch regelmäßiges Radfahren, denn die gemäßigt sportliche Bewegung hilft dabei, den Blutzuckerspiegel auf einem normalen Niveau zu halten. Und nicht zuletzt ist die Gelenke schonende Fortbewegung auf dem Rad eine gute Sache in einer Situation, da die Belastung der Gelenke durch das steigende Körpergewicht ansonsten zunimmt.

Da das Blutvolumen bei Schwangeren erheblich zunimmt, muss auch das Herz in dieser Zeit deutlich mehr Pumparbeit leisten. Nicht zuletzt deshalb vergleichen manche Mediziner die Schwangerschaft mit einem permanenten Ausdauertraining. Das heißt aber auch, dass „zusätzliche" sportliche Aktivität in Maßen erfolgen sollte, auch wenn nicht zu befürchten steht, dass eine kurzzeitige starke Belastung dem Ungeborenen Sauerstoff entzieht, wie man früher glaubte.

Und was heißt das für die Praxis? Viele Frauen, die vor ihrer Schwangerschaft viel mit dem Rad unterwegs waren, bleiben ihrem Drahtesel bis kurz vor der Entbindung treu. Manche steigen sogar vermehrt aufs Fahrrad um, da sie gerade in den späten Schwangerschaftsmonaten die Erfahrung machen, dass Radeln die deutlich angenehmere Fortbewegungsart ist – ein bisschen wie beim Schwimmen, wo frau sich plötzlich wieder ganz leicht fühlt.

Frauen, die sportlich auf dem Rennrad oder Mountainbike unterwegs sind, sollten die Belastungsintensität nach und nach herunterschrauben – hier gibt das Körpergefühl den Takt vor; dazu empfiehlt es sich, in Bezug auf das individuelle Befinden bei der Gynäkologin Rat zu suchen. Gerade beim Geländeradsport ist wegen der oft starken Erschütterungen Vorsicht geboten, vor allem in den ersten drei Schwangerschaftsmonaten. Begeisterte Bikerinnen sollten überlegen, auf ein voll gefedertes Rad zu wechseln, und sehr anspruchsvolles Terrain besser meiden. Die Zeit des leistungsorientierten Sports ist nun erst einmal vorbei; in Bewegung bleiben lautet das Gebot der Stunde. Aber keine Sorge: Diese Phase geht bald vorbei. Dass Frau und Kind auch aktive sportliche Betätigung während der Schwangerschaft gut überstehen können, hat die Extrem-Triathletin Astrid Benöhr bereits vor 20 Jahren gezeigt. Die Bergisch-Gladbacherin hat noch im letzten Drittel der Schwangerschaft Triathlon betrieben. Freilich nicht über die Distanz, die sie weltberühmt machte: den Zehnfach-Ironman, also grob gesagt 36 Kilometer Schwimmen, 1800 Kilometer Radfahren und 421 Kilometer Laufen. Den Zehnfachen spulte Benöhr zu ihrer aktiven Zeit schneller als jede andere Frau und jeder Mann (!) ab. Verglichen dazu war ein Volkstriathlon während der Schwangerschaft sicher ein Sonntagspaziergang. Offensichtlich auch für den Nachwuchs ...

Was das Wohlbefinden der Mutter fördert, kommt auch dem werdenden Leben in ihrem Bauch zugute.

Gilt auch in der Schwangerschaft: Radfahren ist gut, solange es Freude macht.

Radfahren während der Schwangerschaft

Dr. med. Gero Teichmann, Facharzt für Gynäkologie und Geburtshilfe, Universitätsfrauenklinik Leipzig und begeisterter Radler

Ist Radfahren in der Schwangerschaft ratsam?

DR. MED. GERO TEICHMANN: Grundsätzlich ist jede Schwangere zu leichter körperlicher Tätigkeit zu ermuntern. Dabei stehen Sportarten im Vordergrund, bei denen das Körpergewicht der Schwangeren nur eingeschränkt übertragen wird, zum Beispiel Radfahren und Schwimmen. Positive Auswirkungen können eine verbesserte Herz-Kreislauf-Funktion mit entsprechender Fitness, geringere Krampf- und Ödemneigung (Wasseransammlung in den Beinen), ein niedrigeres Gewicht der Mutter zum Zeitpunkt der Entbindung, eine stabilere Psyche, eine komplikationsärmere Geburt und eine raschere Erholung nach der Geburt sein. Auch positive Auswirkungen auf Kreislauf und Gewicht des ungeborenen Kindes sowie die frühkindliche Entwicklung werden beschrieben. Einschränkungen der körperlichen Aktivität sind nur bei schwangerschaftsinduzierten Erkrankungen wie zum Beispiel Hypertonie (hoher Blutdruck) oder Gestationsdiabetes (Veränderungen des Zuckerspiegels in der Schwangerschaft) zu erwarten. Mehrlingsschwangerschaften, Blutungen, ein tief sitzender Mutterkuchen oder das Risiko vorzeitiger Wehen können allerdings zu einem Verbot der körperlichen Aktivität seitens des behandelnden Arztes führen. Auch in der Frühschwangerschaft (bis etwa zur 17. Schwangerschaftswoche) sollte vor Aufnahme einer sportlichen Aktivität der Rat des behandelnden Arztes gesucht werden.

Worauf sollten Schwangere beim Radfahren achten?

DR. MED. GERO TEICHMANN: Bei untrainierten Schwangeren sollte die Radtour zunächst 15 Minuten nicht überschreiten. Wenn keine körperlichen Beschwerden auftreten, kann die Dauer entsprechend des Wohlbefindens gesteigert werden. Geübte Frauen sollten die gewohnte Radstrecke zunächst etwas verringern, um dann ebenfalls nach Wohlbefinden den ursprünglichen Umfang des Radfahrens wieder aufzunehmen. Leistungssteigerungen sind in der Schwangerschaft nicht zu erwarten und sollten auch nicht angestrebt werden. Ein Pulsmesser kann helfen, die Grenzen der körperlichen Belastung zu objektivieren. Bei der Wahl der Streckenführung ist auf einen ebenen Untergrund zu achten. Häufige Erschütterungen wie beim Mountainbiking oder Cross sollten vermieden werden. Eine gut abgestimmte Federung, eine auf die Fahrerin angepasste Geometrie und Ergonomie des Rades mit entsprechendem Sattel und nur leicht geneigter Sitzposition helfen, Beschwerden zu vermeiden. Auch die Verkehrsdichte beziehungsweise Unfallgefahr sollte bei der Planung einer Radtour einkalkuliert werden. Nach Stürzen insbesondere auf den Bauch ist die Vorstellung bei einem Gynäkologen zu empfehlen, auch wenn die Wahrscheinlichkeit einer unfallbedingten Schädigung der Schwangerschaft im Allgemeinen sehr gering ist.

Bis zu welchem Zeitpunkt der Schwangerschaft würden Sie Schwangeren das Radfahren empfehlen?

DR. MED. GERO TEICHMANN: Bei normalen Schwangerschaften gibt es kein Limit nach oben. Um die Worte einer Hebamme zu zitieren: „Wenn der Bauch das Oberrohr berührt, ist ein Damenfahrrad zu benutzen …"

Auf welche Signale sollten Schwangere beim Radfahren achten?

DR. MED. GERO TEICHMANN: Bei ziehenden Schmerzen in Rücken, Leistengegend oder Beckenboden, Blutungen und unklarem Flüssigkeitsabgang ist ein Gynäkologe oder eine Hebamme zu konsultieren. Ansonsten sollte der Umfang des Radfahrens das körperliche und geistige Wohlbefinden der Schwangeren nicht beeinträchtigen.

Ab welchem Zeitpunkt nach der Schwangerschaft kann Frau sich wieder in den Sattel schwingen?

DR. MED. GERO TEICHMANN: Auch hier gibt das Wohlbefinden der Entbundenen das Startsignal. Bei unkomplizierten Geburten stellt das Radfahren oft schon nach wenigen Wochen kein Problem dar. Niemand sollte dabei vor einem Austausch des Sattels zurückschrecken. Nach langen Geburtsverläufen, sehr schweren Neugeborenen oder Geburtsverletzungen kann die Phase bis zum Genuss des Fahrradfahrens natürlich länger dauern.

Die Touren werden vielleicht kürzer, wenn der Bauch sich rundet, aber deswegen nicht reizloser.

Was gilt es bezüglich der Fahrradtechnik während der Schwangerschaft zu beachten? Frauen, die mit ihrem Rad gut zurechtkommen, tun dies in aller Regel auch während der Schwangerschaft. Eine sportliche, stärker nach vorn geneigte Sitzposition kann sich allerdings in den späteren Phasen der Schwangerschaft unangenehm anfühlen – der Babybauch zieht die Radlerin nach vorne und ins Hohlkreuz, Rückenschmerzen können die Folge sein. Für einen solchen Fall ist es ratsam, an der Sitzposition zu feilen: Der Sattel sollte tiefer gestellt werden und unter Umständen auch etwas weiter zurückgeschoben. Dadurch werden auch die Arme und Hände entlastet; das Köpergewicht ruht stärker auf dem Sattel. Frauen, die ein Rad mit Diamantrahmen fahren („Stange"), fällt es vielleicht mit der Zeit etwas schwerer, das Bein zum Auf- und Absteigen über den Sattel zu schwingen; sie sollten auf ein Rad mit tiefem Durchstieg wechseln. Vielleicht bietet sich im Freundeskreis die Möglichkeit, eine Zeit lang die Fahrräder zu tauschen, oder ein Fahrradgeschäft stellt für einige Wochen ein Leihrad zur Verfügung.

Je weiter die Schwangerschaft fortschreitet, desto unbequemer werden sportive Sitzpositionen. Neben der Sattelposition kann man auch am Lenker „gegensteuern": Der Vorbau sollte weiter herausgezogen werden und näher an den Körper rücken, um den Winkel zwischen Beinen und Oberkörper zu vergrößern. Bei Schaftvorbauten ist der maximale Auszug zu beachten. Bei sogenannten Ahead-Vorbauten bietet sich der Tausch gegen ein kürzeres Modell mit steilerer Winkelstellung an. In beiden Fällen gilt: Die Schalt- und Bremszüge oder -leitungen dürfen keinesfalls auf Zug belastet werden oder gar den Lenkeinschlag limitieren. Welches Rad letzten Endes auch genutzt wird – es sollte natürlich in einem verkehrssicheren Zustand sein, über gute Bremsen und eine funktionierende, helle Lichtanlage verfügen.
Frauen, die ihre täglichen Wege mit dem Rad zurücklegen und erfahrene Pilotinnen durch den Stadtverkehr sind, sollten diese Gewohnheit auch während der Schwangerschaft beibehalten – Radfahren im Alltag wirkt sich schließlich gleich mehrfach positiv aus, indem es Straßen

Je weiter die Schwangerschaft voranschreitet, desto höher muss der Lenker eingestellt werden. Dabei auf den maximalen Auszug achten sowie auf die Bewegungsfreiheit der Brems- und Schaltzüge.

und Umwelt entlastet, Fitness und Wohlbefinden fördert und für Ausgeglichenheit sorgt. Wie auch im sonstigen Leben, wird die werdende Mutter auch auf dem Rad spüren, wie sich ihr Körper nach und nach verändert – irgendwann ist sie nicht mehr so flott unterwegs; die Gewichtszunahme bedingt eine Veränderung des Körperschwerpunktes, was wiederum die Fahreigenschaften des Fahrrad beeinflussen kann. Meist gehen diese Veränderungen so schleichend vor sich, dass ein bewusstes Sich-darauf-Einstellen gar nicht nötig ist. Allerdings sollte sich frau immer wieder mal in Erinnerung rufen, dass sie nun nicht mehr ganz so schnell über die Kreuzung kommt und dass explosive Sprinteinlagen mit Babybauch nicht wirklich hinhauen.

Die Gefahren, die im Straßenverkehr auf Radfahrer lauern – zumal auf solche, die sich regelkonform und vorausschauend verhalten –, werden oft genug überschätzt. Dennoch sollten Frauen beim Radfahren in der Schwangerschaft besondere Vorsicht walten lassen. Denn auch bei an sich harmlosen Stürzen besteht theoretisch die Gefahr einer vorzeitigen Plazentaablösung, die für das Ungeborene sehr gefährlich sein kann. Hier ist sofortige medizinische Überprüfung angezeigt. Allerdings gilt dies nicht nur fürs Fahrradfahren – Stürze in der Freizeit und im Haushalt bergen dieselbe Gefahr. Fahrradfahren stellt keine Bedrohung für die werdende Mutter dar, sondern fördert im Gegenteil das körperliche und seelische Wohlbefinden – dies gilt mit der Einschränkung, dass die Schwangerschaft ohne Komplikationen verläuft. Anderenfalls sollte die Frage der Radbenutzung ebenso wie das Thema körperliche Belastung mit der Gynäkologin (oder natürlich dem Gynäkologen) erörtert werden. Und natürlich sollten auch Frauen, bei denen alles nach Plan läuft, wirklich nur dann aufs Rad steigen, wenn sie sich dabei wohlfühlen, und nicht aus dem fehlgeleiteten Wunsch nach besserer Fitness. Die Zeit, da die junge Mutter wieder kraftvoll und im Wortsinne unbeschwert in die Pedale treten kann, ist gar nicht so fern. Dann warten neue Fahrradabenteuer, auf die wir im nächsten Kapitel zu sprechen kommen wollen.

Rückenprobleme

Georg Stingel, Geschäftsführer der Aktion Gesunder Rücken e. V.

Welchen Belastungen ist der Rücken während der Schwangerschaft ausgesetzt?
GEORG STINGEL: Die durch das wachsende Baby bedingte Gewichtsverlagerung kann zu einem mehr oder weniger ausgeprägten Hohlkreuz führen. Das belastet die Wirbelsäule sowie Muskulatur, Sehnen und Bänder mehr als normal. Das kann zu Beschwerden führen, auch Ischiasschmerzen auslösen.

Ist Radfahren in der Schwangerschaft mit Blick auf den Rücken bedenklich?
GEORG STINGEL: Sofern es seitens des behandelnden Arztes keine Einschränkungen gibt, ist Radfahren für Schwangere durchaus erlaubt. Besonders wichtig sind dann eine aufrechte Körperhaltung, die richtige Fahrradeinstellung und eine optimale Federung. Erschütterungen, gar länger anhaltende, sollen möglichst ausgeschlossen sein.

Worauf sollten Schwangere in Bezug auf ihren Rücken beim Radfahren achten?
GEORG STINGEL: Nochmals: Körperhaltung, Federung und keinesfalls auspowern. Die eigene Leistungsfähigkeit nur begrenzt fordern und nicht überlasten.

Bis zu welchem Zeitpunkt der Schwangerschaft würden Sie Schwangeren das Radfahren empfehlen?
GEORG STINGEL: Das kann man nicht pauschal beantworten. Entscheidend sind auch hier die Meinung des behandelnden beziehungsweise betreuenden Arztes und natürlich die individuelle Fitness der Schwangeren.

Welchen Einfluss kann Radfahren nach der Schwangerschaft auf den Rücken der Mutter haben?
GEORG STINGEL: In gewisser Abhängigkeit des jeweiligen körperlichen Zustandes nach einer Schwangerschaft ist jede Form von Bewegung und Sport sehr empfehlenswert. Auch Radfahren kann nur guten Einfluss haben, sofern die bereits oben genannten Kriterien erfüllt werden. Nicht gleich volle Power losdüsen, sondern langsam die eigene Leistung steigern beziehungsweise bei voranschreitender Schwangerschaft anpassen und zurücknehmen. Wichtig ist: Jede Form von Bewegung muss Spaß machen, auch das Radfahren. Also ruhig dabei auch einmal die schöne Landschaft genießen oder sich über angenehmen Sonnenschein und den blauen Himmel freuen. Das beeinflusst Physis und Psyche ungemein positiv, was wiederum dem Rücken und der generellen Gesundheit am meisten nützt.

Jede Form von Bewegung muss Spaß machen, auch das Radfahren.

So beginnt häufig die Nutzung des Anhängers: bei ersten ausgedehnten Spaziergängen.

PAMPERS & PEDALE

Radfahren mit Säugling

Kind entspannt, Mutter unterwegs Richtung „runners high“ – ein gelungener Nachmittag.

Die neun Monate der Schwangerschaft sind eine lange Zeit – eine Zeit schleichender Veränderungen, an die sich die werdende Mutter und natürlich der Vater in spe ebenso schleichend gewöhnen. Einen Vorgeschmack darauf, dass sich das Leben bald komplett ändern wird, bekommt man nur hier und da – etwa, wenn die Hebamme das junge Paar in die Geheimnisse der Säuglingspflege einweiht und man im Möbelhaus in der Kinderabteilung herumsteht und sich fragt, wie all das noch in die Wohnung passen soll.

Und dann ist es so weit: Die Geburt ist durchgestanden, nun ist man plötzlich zu dritt – und der oder die Dritte im Bunde bestimmt ab sofort den Tagesablauf. Stillen und füttern, wickeln und baden, spielen, streicheln, glücklich sein – das neue Leben hat in vielen Bereichen nichts mehr mit der Zeit der Zweisamkeit gemein, die im Wesentlichen aus Beruf, Freizeit und Freiheit bestand.

Der plötzliche Verlust von (Bewegungs-) und zeitlicher Freiheit sind wohl die beiden Faktoren, unter denen junge Eltern besonders leiden. Die ersten Monate des Familienlebens sind ein echter Praxisschock. Für das Kind, das urplötzlich seinem Schutzraum im Mutterleib entrissen wurde und sich nun in seiner neuen Umwelt zurechtfinden und durchsetzen muss, und für die jungen Eltern, die nicht zuletzt die Aufgabe zahlreicher liebgewonnener Gewohnheiten veratmen müssen – vom zweisamen Restaurantbesuch mit anschließendem Kinoabend bis zum gemütlichen Samstagvormittags-in-die-City-Radeln.

Doch Moment mal – wer sagt denn, dass das Radfahren jetzt passé ist? Die Zeiten, da man Säuglinge und Kleinkinder entweder im Kinderwagen vor sich herschob oder mit dem Auto transportierte, sind lange vorbei. Vor rund 15 Jahren begann der Siegeszug der Kinderanhänger; seit den späten 1990er-Jahren sind Radler mit Kindern im Schlepp ein alltäglicher Anblick im Stadtverkehr. Und auch wenn der gute alte Kindersitz nach wie vor viele Freunde und Vorteile hat, kann er den einen großen Vorteil eines Trailers nicht bieten: Kindertransport praktisch ab dem ersten Tag.

Alleskönner Anhänger

Meist dauert es sechs bis acht Wochen, bis sich die junge Mutter (nach ärztlicher Absprache) wieder aufs Fahrrad schwingt. Diese Zeit lässt sich prima nutzen, um die Anschaffung eines Fahrradanhängers zu planen. Die Frage, ob ein Hänger gekauft werden soll oder ob nicht, stellt sich heute bei Paaren, die viele Wege des Alltags mit dem Rad zurücklegen, kaum noch. Dazu ein paar Erfahrungen aus der Praxis:

In der Regel ist alles, was man bisher mit dem Fahrrad gemacht hat, auch mit dem Gespann möglich – die Fahrt zum Supermarkt, der Wochenendausflug, sogar die sportliche Nutzung auf der Straße und in mäßig anspruchsvollem Gelände. Ebenso lässt sich alles, was mit einem Kinderwagen bewerkstelligt wird, auch mit dem Trailer erledigen, denn wo ein durchschnittlich großer Kinderwagen hinkommt, da ist auch Platz für einen Anhänger – ob in Kaufhäusern, in der Praxis des Kinderarztes oder im Vorraum der Krabbelgruppe. Nur sehr breite Zweisitzer können hier und da keinen Durchlass finden, etwa an engen Supermarktkassen.

Muss ein Kinderwagen sein?

Fahrradfreudige Eltern sollten sich rechtzeitig die Frage stellen, ob es für sie überhaupt sinnvoll ist, einige Hundert Euro in einen Kinderwagen zu investieren, der dann nach einigen Monaten nur noch im Keller steht, weil ein multifunktionaler Trailer seine Funktionen übernommen hat. Nichts spricht dagegen, den Trailer bereits ab dem ersten Tag zu nutzen. Mit einer integrierten Babytragetasche, wie sie etwa für die Modelle von Anbietern wie Burley, Chariot & Co. angeboten werden, lässt sich der Anhänger nämlich prima als Kinderwagen verwenden. Diese praktischen Taschen sind zwar nicht für den Fahrbetrieb zugelassen, doch sie ermöglichen es beispielsweise, mit dem neuen Erdenbürger auf Besuchstour zu gehen, ohne ihn oder sie beim Herausheben zu wecken.

Für einen Kinderwagen sprechen allenfalls der etwas geringere Platzbedarf beim Abstellen im Hausflur oder in der Wohnung und eventuell die geringeren Anschaffungskosten – wobei Markenmodelle „Made in Germany“ im Preis einem hochwertigen Trailer sehr nahe kommen, von trendigen Luxusmodellen ganz zu schweigen. Auch die Position des Babys ist im Kinderwagen anders – es liegt höher und den Eltern zugewandt, wobei sich viele Kinder nach einigen Monaten auch darüber freuen, in Fahrtrichtung blicken zu können.

Wenn ein Baby sitzen kann, ist es mit der Zeit des Kinderwagens sowieso meist vorbei – ab sofort will der Nachwuchs etwas von der Welt sehen.

Kinderanhänger I

Interview mit Andreas Gehlen, Kinderanhänger-Pionier und Geschäftsführer von Zwei plus zwei

Seit wann sind Kinderanhänger in Deutschland erhältlich und seit wann ein echter Trend?

ANDREAS GEHLEN: Kinderanhänger sind seit Ende der 1980er-Jahre in Deutschland erhältlich. Pioniere waren der legendäre Bugger von Cannondale, ein zweisitziger Schalenanhänger mit rückwärts gerichtet sitzenden Kindern, der Winchester, ein giftgrüner, kugeliger Kinderanhänger mit zwei gegenüberliegenden Einzelsitzen, und der Burley Lite, ein einfacher Anhänger mit Stoffboden, der schon Anfang der 1990er-Jahre von der Schweizer Firma Brüggli unter dem Namen Leggero kombi kopiert und in den 1990er-Jahren zum europaweiten Marktführer wurde, nachdem die Schweizer ihm eine feste Bodenwanne aus Aluminium verpasst hatten. Zum Trend wurden Kinderanhänger um die Jahrtausendwende, als echte Multitalente auf den Markt kamen: Mit wenigen Handgriffen zu Kinderwagen oder Joggern umbaubare Fahrradanhänger, wie sie erstmals Ende der 1990er-Jahre der kanadische Hersteller Chariot auf den Markt gebracht hat.

Mit welchen Vorurteilen hatten Sie Anfang der 1990er-Jahre bei der Gründung Ihres Geschäftes zu kämpfen?

ANDREAS GEHLEN: Das größte Vorurteil, mit dem wir über 15 Jahre lang zu kämpfen hatten, war, dass das Fahren mit einem Kinderfahrradanhänger viel gefährlicher sei als der Kindertransport auf einem Kindersitz, am besten noch vorne am Lenker. Hartnäckiger Meinungsbildner zur Aufrechterhaltung dieses Vorurteils war der RW TÜV Essen, wo ein eigentlich von Fahrradanhängern persönlich begeisterter Ingenieur der Welt beweisen wollte, dass die meisten Fahrradanhänger rollende Seifenkisten ohne jedes sicherheitstechnische Niveau seien. Dazu wurden sogar 1993 und 1998 zwei von der Bundesanstalt für Straßenwesen geförderte Crashstudien mit Fahrradanhängern und später auch auf unsere Intervention hin mit Fahrradkindersitzen durchgeführt, als deren Ergebnis schließlich herauskam, dass das potenzielle unfallbedingte Verletzungsrisiko für die Kinder beim Transport in einem Fahrradkindersitz vermutlich höher ist als in einem Kinderanhänger.
Nachdem also nicht mehr der Fahrradkinderanhänger an sich als Sicherheitsrisiko angesehen werden konnte, hat der RW TÜV Essen sich dann auf die ebenso haltbare Aussage versteift, wenn schon Fahrradanhänger, dann aber mit einer festen Wanne, denn die schütze die Insassen vor Steinen und Stöcken, die während der Fahrt von unten durch den Fahrzeugboden stechen könnten. Erst mit der letzten Studie, die die Stiftung Warentest zusammen mit dem ADAC im April 2010 veröffentlicht hat, ist dieses Vorurteil vom Tisch.
Aus wirtschaftlicher Sicht hatte ich mit dem Vorurteil zu kämpfen, dass man mit der Idee, ein Geschäft ausschließlich für den Verkauf von Fahrradanhängern zu gründen, keinen nachhaltigen wirtschaftlichen Erfolg haben könnte. Heute, nach mehr als 15 Jahren, gelten wir bei denselben Menschen als Beispiel für ein vorbildliches Gründervorhaben mit inzwischen über 20 Mio. Euro Umsatz mit Fahrradanhängern und über 75 000 verkauften Fahrradanhängern in Europa pro Jahr.

Hat sich in diesen Punkten die gesellschaftliche Wahrnehmung geändert? In welcher Hinsicht?

ANDREAS GEHLEN: Die gesellschaftliche Wahrnehmung von Fahrradanhängern hat sich vor allem in den letzten zehn Jahren verändert. So standen in den 1990er-Jahren ökologische und Nützlichkeitserwägungen – also weitgehend rationale Gründe – beim Kauf von Fahrradanhängern im Vordergrund. Mit dem Aufkommen der multifunktionellen Kinderfahrradanhänger hat sich das grundlegend geändert. Heute sind die Bedürfnisse nach Geselligkeit, Mobilität und gemeinsamer familiärer Freizeitgestaltung die führenden Motive. Nachhaltigkeit, Zweckmäßigkeit und Ökologie sind zwar weiterhin wichtige Motive geblieben, aber nicht mehr kaufentscheidend. Sicher ist auch, dass sich das Mobilitätsverhalten von jungen Familien mit kleinen Kindern in den letzten zehn Jahren verändert hat, nicht zuletzt durch die technischen Weiterentwicklungen bei den heute verfügbaren

››› Seite 26

Spätestens jetzt ist die „Sitzposition“ im Anhänger optimal geeignet.
Ein Vorzug des Trailers gegenüber dem Kinderwagen ist übrigens seine Kippsicherheit – sehr aktive Babys, die sich hochziehen und über den Rand des Kinderwagens lehnen, können ihr Gefährt nämlich gehörig in Schieflage bringen. Ein luftbereifter Trailer rollt im Übrigen deutlich leichter als ein Kinderwagen und lässt sich besser manövrieren; auch das Überwinden von Bordsteinkanten fällt aufgrund der großen Hinterräder erheblich leichter.

Welcher Trailer soll es sein?

Bevor es daran geht, ein konkretes Modell auszuwählen, sollten zwei grundlegende Fragen geklärt werden: Ein- oder Zweisitzer sowie gefedertes oder ungefedertes Modell?
Ganz klar: Der Einsitzer ist aufgrund des geringeren Platzbedarfs das deutlich praktischere Fahrzeug. Rund 20 Zentimeter Unterschied in der Breite können darüber entscheiden, ob der Trailer einfach so in den Hausflur gestellt werden kann oder jedes Mal zusammengefaltet oder gar in den Keller transportiert werden muss – oder vielleicht sogar dauerhaft einen Stellplatz vorm Haus zugewiesen bekommt, was der Lebensdauer und dem Wiederverkaufswert nicht gerade zuträglich ist. Ist ein Geschwisterkind fest eingeplant, macht ein Zweisitzer natürlich Sinn. Kommt der Familienzuwachs jedoch erst nach einigen Jahren, ist der oder die „Große“ vielleicht schon selbstständig mobil. Vielfach sieht man auch die Kombination aus Einsitzer und Kindersitz auf dem Gepäckträger.
Viele Familien nutzen ihren Trailer jedoch auch als praktisches Transportfahrzeug. Warum das Auto bemühen, wenn man auch mit dem Trailer zwei Sprudelkästen transportieren kann? Für solche Zwecke ist ein Zweisitzer natürlich optimal. Und auch gegenseitige Hilfe bei der Kinderbetreuung fällt mit einem Kombi-Trailer leichter: Wer einen Platz zu vergeben hat, kann das Nachbarskind mit in die Kita nehmen oder seinem Nachwuchs ermöglichen, zusammen mit einem Freund auf den Spielplatz zu fahren. Bei der konkreten Kaufentscheidung sollte man auf jeden Fall das Faltmaß der unterschiedlichen Ausführungen checken. Einen Trailer zusammenzuklappen dauert nicht lange – wenn der Bedarf für einen Zweisitzer besteht, sollte es jedenfalls nicht daran scheitern, dass man die Falt-Option nicht bedacht hat.
Wie man sich auch entscheidet: Nicht vergessen

KINDERANHÄNGER

Ein wichtiges Merkmal hochwertiger Kinderanhänger ist ihre vielfältige Einsetzbarkeit. Sie lassen sich nicht nur hinters Fahrrad spannen, sondern können auch als Kinderwagen und zum Joggen verwendet werden. Sportliche Exemplare lassen sich darüber hinaus auf spezielle Skier setzen und können beim Langlauf gezogen werden. Gefederte Exemplare haben in Sachen Komfort und Straßenlage die Nase vorn. Achten sollte man auf ausreichenden Stauraum; wer oft viel mit dem Trailer transportiert, könnte auch mit nur einem Kind einen Zweisitzer wählen. Vor dem Kauf sollten die genauen Maße überprüft werden, auch das Faltmaß. Je nach Anbieter variiert der Lieferumfang, sodass die Grundpreise nicht immer vergleichbar sind. Generell zeichnen sich die Trailer von spezialisierten Herstellern durch eine hochwertigere Machart und längere Lebensdauer aus. Wichtige Sicherheitsmerkmale sind eine Parkbremse, Reflektoren rundum und ein gut sichtbarer Wimpel. Ein Multifunktionsverdeck ermöglicht es, die Insassen der Witterung entsprechend zu schützen. Auch beim Trailer kommt es auf gute Verstellmöglichkeiten der Gurte an, damit der Transporter lange genutzt werden kann. Die Gurte müssen fest genug sitzen, damit das Kind selbst beim Kippen des Trailers nicht aus seinem Sitz rutschen kann.

GEEIGNET ab 6 Wochen
PREIS ab 250 Euro
TIPP Deponieren Sie im Hänger ein Zahlenschloss, so können Sie flexibel auch ohne Hänger weiterfahren oder den Fahrerwechsel arrangieren.

Fahrzeugen, die eine höhere Sicherheit, einen höheren Komfort und eine größere Vielseitigkeit bieten, wie zum Beispiel den sicheren Transport von Säuglingen in extra für Fahrradanhänger erfundenen Babyhängematten.

In der Großstadt scheint der Kindertransporter fast zum Statussymbol junger Familien zu avancieren. Welche Ursachen hat Ihrer Meinung nach diese Entwicklung?

ANDREAS GEHLEN: Großstädte sind verdichtete Lebensräume mit begrenzten Verkehrsflächen, die i. d. R. bezogen auf höhere Verkehrsströme nicht erweiterbar sind. Der Fahrradanhänger besticht in der Großstadt – wie das Fahrrad auch – durch erhebliche Mobilitätsvorteile vor allem beim ruhenden Verkehr. Suchfahrten für Parkplätze entfallen ebenso, wie mühevolle Fußwege mit vollen Einkaufstaschen, wenn zwar ein Parkplatz gefunden wurde, dieser sich aber 500 Meter von der eigenen Wohnung entfernt befindet. Mit der Etablierung von gut funktionierenden Carsharing-Systemen können Familien in der Großstadt zudem einen recht komfortablen Modalmix zwischen Fahrradverkehr und individuellem motorisiertem Verkehr realisieren, ohne dafür unbedingt ein eigenes Kraftfahrzeug zu besitzen. All dies gab es Anfang der 1990er-Jahre so noch nicht. Von daher ist der Fahrradanhänger zu einem Stück Freiheit geworden, ohne deshalb andere Freiheiten aufgeben zu müssen. Aus dem Entweder-oder ist ein Sowohl-als-auch geworden. Das hat ganz sicher zu einem steigenden Interesse und einer gestiegenen Bereitschaft zum Kauf eines Fahrradanhängers bei Großstädtern beigetragen.

Gute Kindertransporter kosten eine Menge Geld. Was macht sie aus Ihrer Sicht preiswert?

ANDREAS GEHLEN: Gute Kindertransporter kosten keine Menge Geld. Da möchte ich vehement widersprechen. Womit bereits Internet- oder Mobilfunkprovider werben, „volle Freiheit für weniger als einen Euro am Tag" – was von vielen Nutzern dieser Dienstleistungen als preiswert angesehen wird –, könnte man als vergleichbares Rechenmodell für die nicht motorisierte Mobilitäts-Flat aufmachen: Bereits für weniger als einen Euro täglich – bei einer Laufzeit von zwei Jahren – erhält man ein komplettes Fahrradanhänger-Set für Kinder, mit Kinderwagen- und Joggerfunktion einschließlich allem Zubehör, was man dazu kaufen kann! So sehen das mittlerweile auch viele Familien, sonst würden sich unsere Verkaufszahlen nicht jährlich weiterhin dynamisch erhöhen. Natürlich – ich würde besser sagen, Gott sei Dank! – gibt es auch Premiummodelle, die mehr als 1000 Euro kosten. Das ist prima, denn es gibt auch unter Familienmenschen begeisterte Fahrradfahrer, die sich für das Extra, das Besondere und das Exklusive begeistern können. Bei Fahrrädern ist das nicht anders: Auch hier gibt es Menschen, die sich (zu Recht) freuen, dass es Fahrräder der Luxusklasse gibt, die einen besonderen Fahrspaß bieten und natürlich auch eine besondere Exklusivität. Dass ein solches Rad mehrere Tausend Euro kostet, finde ich genauso gerechtfertigt, wie den Preis für einen Luxus-Pkw, wobei natürlich klar ist, dass es nicht alle sind, die sich das eine oder das andere leisten können.

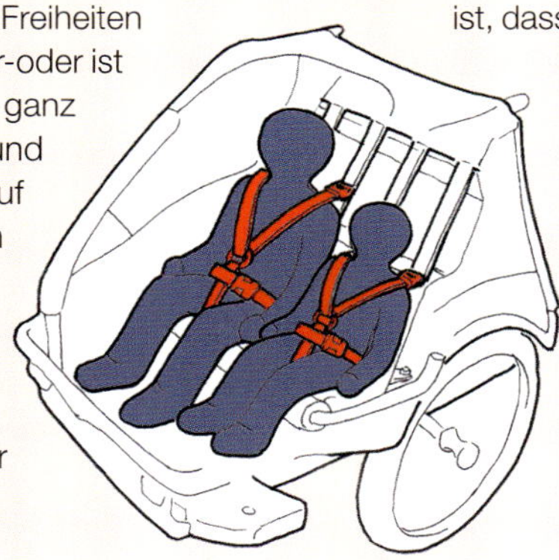

Anhänger haben sich äußerlich wenig verändert, die Fortschritte zeigen sich vor allem im Detail.

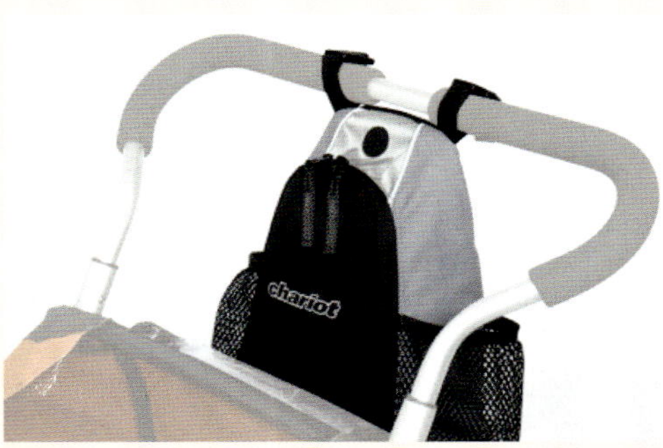

Multifunktionell unterwegs: Hier als Fahrradanhänger, aber am Heck „lauert“ bereits das Jogger-Laufrad für den Lauf durch den Stadtpark.

Auch im Anhänger muss das Kind vor der Sonneneinstrahlung geschützt sein. Manche Hänger bieten integrierten Sonnenschutz; die Bedienungsanleitung gibt Auskunft.

sollte man, dass gut erhaltene gebrauchte Trailer extrem gesucht sind und etwa bei eBay für Spitzenpreise weggehen. Selbst wenn man fest damit rechnet, dass zwei Jahre nach der Geburt des ersten Kindes der Wechsel auf einen Zweisitzer nötig wird, spricht nichts dagegen, mit einem einsitzigen Modell anzufangen und dieses kurz vor der Geburt des Geschwisterkindes zu verkaufen und ein aktuelles Zweiermodell anzuschaffen. Vielleicht hat sich ja bei der Ankunft des zweiten Kindes auch die Wohnsituation geändert ...

Die Frage nach der Federung

Ob ein gefedertes oder ein ungefedertes Modell angeschafft wird, ist nicht zuletzt eine Frage des Geldes. Hier Vergleiche anzustellen ist aber schwierig, zumal die gefederten Modelle in der Regel auch sonst von höherwertiger Machart sind. Auch sind Unterschiede beim Zubehör groß – was bei einem Modell im Lieferumfang enthalten ist, muss bei einem anderen zusätzlich gekauft werden. Insgesamt lässt sich jedoch sagen, dass gefederte Modelle gute 200 Euro Mehrkosten bedeuten.

Von Seiten der Hersteller hört man freilich oft, dass es gar nicht so sehr die finanziellen Zwänge der Eltern sind, die über diese Frage entscheiden. Vielmehr seien es unterschiedliche Einsatzzwecke und natürlich die Einsatzhäufigkeit: Wer mit dem Trailer eher flott oder gar sportlich unterwegs ist, setzt auf ein voll gefedertes Modell; Eltern, die mit ruhiger Gangart durch die Stadt radeln, kommen auch mit starren Trailern klar.
Allerdings ist gerade das Radfahren in der Stadt von zahllosen Bordsteinen, Fahrbahnschwellen, Kopfsteinpflasterstücken und Schlaglöchern geprägt; oft genug hat man es eilig oder es ist dunkel und man kann nicht jedem Loch im Asphalt rechtzeitig ausweichen. Alles Faktoren, die wiederum für einen voll gefederten Anhänger sprechen. Der Ratschlag, durch eine Verringerung des Reifendrucks mehr Komfort für die Passagiere herbeizuzaubern, geht leider fehl: Beim Absenken des Reifendrucks steigt der Rollwiderstand stark an, was für die „Zugmaschine“ mit deutlich höherem Kraftaufwand verbunden ist – und mit verringertem Fahrspaß. Dass eine Federung für die Insassen einen deut-

Kinderanhänger II

Gerd Klose vom Burley-Importeur Merida-Centurion

Seit wann sind Kinderanhänger in Deutschland erhältlich und seit wann ein echter Trend?
GERD KLOSE: Die Firma Merida & Centurion Germany GmbH importiert bereits seit 1984 Kinderfahrradanhänger der amerikanischen Firma Burley. Die ursprüngliche Kooperative Burley aus Eugene, Oregon, in den USA gilt als Pionier auf diesem Gebiet und kann auf eine mittlerweile 33-jährige Erfahrung in der Entwicklung von Kinderfahrradanhängern zurückblicken. Von einem Trend in Sachen Trailer kann seit etwa zehn Jahren gesprochen werden.

Mit welchen Vorurteilen hatten Sie am Anfang zu kämpfen?
GERD KLOSE: Kinder in einem Anhänger hinter dem Fahrrad herzuziehen wurde entweder belächelt oder sehr kritisch betrachtet. Es handelte sich um ein absolutes Nischenprodukt und erforderte eine gewisse Weitsicht, diese Produktgruppe vor mehr als 25 Jahren in das Programm Fahrradzubehör mit aufzunehmen.

Hat sich in diesen Punkten die gesellschaftliche Wahrnehmung geändert? Und in welcher Hinsicht?
GERD KLOSE: Der Wandel kam zusammen mit dem Fahrradboom der 1990er-Jahre, gepaart mit einem gesteigerten Umweltbewusstsein sportorientierter Menschen. Familien sind generell aktiver geworden, und Hobby und Kinder lassen sich auf diese Weise hervorragend vereinbaren. Das gilt aber nicht nur für den Freizeitbereich. Auch der Alltag lässt sich mit einem Kinderanhänger leichter bewerkstelligen.

In der Großstadt scheint der Kindertransporter fast zum Statussymbol junger Familien zu avancieren. Welche Ursachen hat diese Entwicklung Ihrer Meinung nach?
GERD KLOSE: Es gibt seit einigen Jahren grundsätzlich ein Umdenken in Sachen Ökologie und einen damit verbundenen Willen zum Verzicht aufs Auto. Im Hinblick auf Stau- und Parkplatzsituationen bietet das Fahrrad mit Anhänger in der Stadt eine echte Alternative zum Pkw. Darüber hinaus ist bei Geschwisterkindern kein zweiter Kinderwagen nötig. Burley und MCG bieten hier zum Beispiel maßgeschneidertes Zubehör für Babys und Kleinkinder an, sodass eine Nutzung des Anhängers von Anfang an möglich ist.

Welches Zubehör halten Sie beim Kindertransporter für unverzichtbar?
GERD KLOSE: Beim Kauf sollten Eltern darauf achten, dass der Anhänger in der Serienausstattung bereits fahrbereit ist. Wichtigste Funktion ist nach wie vor die Nutzung als Fahrradanhänger, gefolgt von der Umbaumöglichkeit zum Kinder-/Geschwisterwagen oder zum Jogger. Genügend Stauraum sollte der Hänger haben, um Einkäufe bequem unterbringen zu können, und aus Sicherheitsgründen unbedingt über eine LED-Beleuchtung verfügen (gemäß StVZO).

Welchen Tipp geben Sie Eltern, die keinen Platz zur Unterbringung eines Kindertransporters haben?
GERD KLOSE: Für einen guten und damit leichten Kinderanhänger findet sich immer ein Platz, auch in kleineren Wohnungen. Wichtig: Er sollte leicht und auf kompakte Maße faltbar sein. Aufgebaut sollte er noch durch eine Standardtür passen. Durch die Multifunktionalität kann man, ob nun aus Platz- oder Kostengründen, dann auf den herkömmlichen Kinderwagen verzichten.

Kinderanhänger III

Karen Eller, mehrfache Transalp Challenge Siegerin, zweifache Mutter und Gründerin der Mountainbike-Eventagentur „Die Rasenmäher“

Der Singletrailer kostet mehr als manches Mountainbike. Warum hast du ihn gekauft?
KAREN ELLER: Wenn ich mit dem Rad unterwegs bin, dann in der Regel mit meinem Mountainbike auf Trails und Schotterwegen. Ich wollte unabhängig sein von der Kinderbetreuung und unsere Kleinen auch mitnehmen zum Biken, gleichzeitig nicht warten, bis Holger mal aufpassen kann, die Oma da ist und so weiter. Außerdem wollte ich mit Holger und der älteren Schwester Leni, die jetzt fünf Jahre ist, gemeinsam eine Biketour genießen und den Kleinen dabeihaben. Vielleicht nicht so extrem wie wir sonst biken würden, aber – viel wichtiger – gemeinsam. In der Stadt hab ich unsere Kleinen eigentlich auf dem Kindersitz am Rad dabei. Die üblichen, breiteren Hänger von anderen Herstellern finde ich in einer Stadt wie München eher unangenehm.

Ist der Singletrailer für dich mehr Kindertransporter oder Fitnessmaschine?
KAREN ELLER: Eigentlich keins von beiden – als ich trainierte und Leni im Hänger mit auf Touren mit mehr als 1000 Höhenmetern mitnahm, fühlte es sich in der Tat an wie eine Fitnessmaschine; aber auf kleineren Biketouren und Trails war es für mich einfach doppelter Spaß, da wir die Kleine dabeihatten. Als Kindertransporter finde ich den Singletrailer nicht geeignet, da man das Bike mit Hänger nicht einfach mal stehen lassen kann; er hat nur ein Rad nicht zwei und das ganze Transportmittel fällt dann um. Er ist also zum Einkaufen und Ähnlichem ungeeignet.

Ist der Singletrailer mehr ein „Tuning-Part“ für das elterliche Mountainbike-Faible als ein Kindertransportmittel?
KAREN ELLER: Es ist Freizeitspaß für die ganze Familie. Leni und auch Lois sitzen gerne drin und gehen mit uns auf Tour. Und Mama ist happy, weil sie ihren Sport ausüben kann und trotzdem ihre Lieblinge dabeihat.

Welches war dein schönstes Erlebnis mit dem Singletrailer?
KAREN ELLER: Auf der Gindelalm mit meiner Fitnessmaschine doch noch irgendwann anzukommen – Resultat: nie mehr zu steile Ansteige wählen! Im Engadin die engen Spitzkehren mit Trailer doch noch zu lernen. Und einen Lois hintendrin zu haben, der sich kaputtlacht. Und jetzt, wenn wir mit Singletrailer, in dem der Lois sitzt, und dem Trailerbike, auf dem Leni sitzt, alle vier unterwegs sein können.

Wie reagieren andere Mountainbiker, wenn sie Mutter und Kind im Forst sehen?
KAREN ELLER: Die drehen sich um, die meisten eher begeistert; ein paar Rentner zeigen aber gerne auch mal 'nen Vogel.

Die Werbung des Singletrailers suggeriert, dass man mit ihm wirkliche „Wurzelbehandlung“ betreiben kann. Wie wild kann man mit dem Anhänger wirklich fahren?
KAREN ELLER: Da fragst du am besten Freerider der ersten Stunde wie Holger Meyer! Er fährt wirklich alles, also auch die technischen Spitzkehren, mit dem Singletrailer. Allerdings hat er von mir keine Erlaubnis für Downhills à la 601er am Gardasee; das wäre idiotisch und muss dann doch nicht sein.

Wie umfassend muss man seine Fahrtechnik umstellen, wenn man mit dem Singletrailer unterwegs ist?
KAREN ELLER: Das muss man schon ein bisschen üben, wenn man wirklich auf den Trails biken möchte; man selbst sollte vor allem auch fahrtechnisch gut sein.

Welche Tipps gibst du bikenden Müttern mit Trailer?
KAREN ELLER: Es muss ja nicht gleich die schwierigste und steilste Tour sein; es tut auch eine Ausfahrt auf Schotterwegen an der Isar; auf jeden Fall viel Brotzeit für die Kleinen mitnehmen und viele Pausen einplanen. Und nicht in der knalligen Sonne fahren, sondern eher im Wald.

Wie alt war deine Tochter, als du zum ersten Mal mit ihr im Singletrailer unterwegs warst?
KAREN ELLER: Ich war ab sieben Monaten mit dem Kind unterwegs. Ich wollte, dass Leni sicher selbstständig sitzen kann. Holger ist schon vorher mit ihr im Trailer gefahren, hat sie aber einfach im Maxicosi-Autositz reingestellt.

Für die Mutter ist es Freiheit und Fitness, für den Nachwuchs ist es der Mittagsschlaf ... dank Kinderhänger!

lichen Komfortgewinn bedeutet, sollte natürlich auch nicht vergessen werden. Die These, dass die Erschütterungen, denen die Kinder im Trailer ausgesetzt sind, extrem hoch und mithin gesundheitsgefährdend sind, ist zwar inzwischen widerlegt – beim Rennen oder Hüpfen sind die Stoßkräfte deutlich höher –, dennoch möchte man natürlich, dass die Kinder im Anhänger sanft in den Schlaf gewiegt und nicht von Fahrbahnstößen wachgerüttelt werden. Aus eigener Erfahrung würden wir gefederten Modellen stets den Vorrang geben. Und noch ein Tipp für die ersten Monate, wenn die Ladung (sprich das Kind) noch leicht ist: Ein Fünf-Kilogramm-Sandsack unter der Sitzbank verleiht dem Hänger eine stabilere Straßenlage und verbessert auch die Performance der Federung spürbar. Achten Sie bei einer verstellbaren (Blatt-) Federung darauf, diese stets ans Ladegewicht anzupassen.

Immer wieder kommt auch die Frage auf, ob ein Trailer über eine feste Bodenwanne verfügen sollte. Dabei wird meist das Argument größerer Sicherheit angeführt – bei einer Wanne aus Kunststoff oder Aluminium bestünde nicht die Gefahr, dass sich von unten spitze Gegenstände hineinbohren würden. Was genau das sein soll, bleibt jedoch unklar, einmal abgesehen davon, dass Mama oder Papa auf dem Fahrrad ja erst einmal über besagten Gegenstand hinwegrollen müssten – ein eher unwahrscheinliches Szenario.

Betrachtet man vergleichbare Modelle mit und ohne Bodenwanne, stellt man außerdem fest, dass erstere Ausführungen keine größere Zuladung vertragen; als Vorteil lässt sich einzig anführen, dass sie eher mal zum Transport schwerer, scharfkantiger Gegenstände eingesetzt werden können – etwa Getränkekisten. Demgegenüber steht ein um rund zehn bis 15 Prozent höheres Gewicht; Anhänger ohne Wanne lassen sich in der Regel auch kleiner zusammenfalten. Allen, die sichergehen möchten, dass der Bodenstoff durch das Ein- und Aussteigen der Kinder nicht verschmutzt oder Schaden nimmt, seien entsprechende Gummimatten der Hängerhersteller empfohlen. Teppichmusterstücke aus dem Einrichtungshandel verrichten den Job ähnlich gut und kosten nichts ...

Auf zum Trailerkauf!

Schaut man sich auf den Spielplätzen und vor den Kindertagesstätten um, könnte man meinen, dass es nur wenige Hersteller von Kinderanhängern gibt (Chariot, Croozer und Burley sind si-

E-Bike und Kindertransporter lassen sich ideal kombinieren. Am Hang und beim Anfahren sorgt der Motor für Entlastung, einmal in Fahrt kann man ihn abschalten und Strom sparen.

cherlich die bekanntesten Vertreter). Das stimmt natürlich nicht, doch verfügen diese drei Anbieter (beziehungsweise zwei, denn Croozer ist die Eigenmarke des Europavertriebs der kanadischen Marke Chariot) über das größte Händlernetz und damit die größte Präsenz am Markt. Und wer einen Trailer anschaffen will, sollte sich tunlichst beim Fachhändler informieren und beraten lassen. Baumarktmodelle locken durch Discountpreise; Tests zeigen jedoch immer wieder, dass Qualität und Performance der Billighänger noch geringer ausfallen als der Preis.

Die wichtigsten Daten kann man sich natürlich auf den Internetseiten der jeweiligen Hersteller zusammensuchen: Wie groß und schwer ist so ein Trailer, was gibt es an Zubehör und, vor allem, wie viel kostet er? Doch vieles erschließt sich erst durch direkte Anschauung: so etwa, dass die Gepäcktasche eines Modells nach Art des Chariot Cougar ja mindestens ebenso geräumig ist wie das Ablagefach unten am klassischen Kinderwagen. Oder dass das Zusammenfalten des Trailers, um ihn in den Kofferraum zu heben, gar nicht mal so kompliziert ausfällt.

Besonders wichtig bei der Beratung im Fachgeschäft ist natürlich die Sicherheit – will heißen: Was für einen Sitz benötigt mein Kind, wie funktionieren die Sicherheitsgurte? Und was ist sonst noch zu beachten?

Je nach Alter des Kindes sind unterschiedliche Sitze angesagt. Für die Kleinsten werden hängemattenartige Babysitze angeboten; diese Liegesitze geben dem Säugling sicheren Halt und bieten zusätzlichen Federungskomfort. Für Babys, die schon sitzen können, gibt es spezielle Sitzstützen, die auch den Kopf stabilisieren, sodass er nicht zur Seite kippt, wenn das Kind schläft. Der Jahreszeit entsprechend kann ein wärmender Fußsack montiert werden, der genau an den Sitz angepasst ist.

Auch das Angurten des Passagiers im Trailer will geübt sein: Die Haltebänder müssen so straff sitzen, dass das Kind fest in seinem Sitz bleibt, selbst wenn der Anhänger – extrem unwahrscheinlich – umkippen sollte, dürfen aber natürlich nirgendwo scheuern oder drücken. Und dann ist da natürlich die Bedienung des Verdecksystems mit Fliegennetz, Regenschutz und Sonnenblende. Schließlich, ganz wichtig, die korrekte Befestigung des Anhängers am Zugfahrzeug. Hierfür stehen unterschiedliche Kupplungen zur Verfügung; welche man wählt, hängt unter anderem von der Rahmenform des verwendeten Fahrrades ab.

Wirklich kompliziert ist die Nutzung des Trailers

Kinderanhänger IV

Sandra Klose, Mountainbikerin im Team Zwillingskraft
„Als Mama fühlst du dich viel besser, wenn du mit dem Baby trainierst, statt es abzugeben."

Der Singletrailer kostet mehr als manches Mountainbike. Wer kauft einen solchen Anhänger?
SANDRA KLOSE: Alle, die auch mit dem Baby wirklich Spaß am Biken haben möchten. Und alle, denen wichtig ist, dass es dem Baby dabei wirklich gut geht. Sportliche Eltern haben mit dem Trailer die erste Lösung für den Sport mit Baby!

Was zeichnet diesen Anhänger aus?
SANDRA KLOSE: Seine Dämpfung ist entscheidend für die Sicherheit und die Gesundheit des Babys. Für mich war die Dämpfung das Kriterium überhaupt. Ich hätte mein Kind niemals in einen Standard-Kinderhänger gepackt. Ich glaube, dass dieser Trailer viel besser dämpft als viele Kinderwagen. Außerdem ist dieser Kinderhänger der einzige, der dem Rad direkt folgt. Damit wird er in der Tat beherrschbar wie dein Bike. Der Singletrailer folgt seinem Namen.

Ist der Singletrailer also mehr ein „Tuning-Part" für das elterliche Mountainbike-Faible als ein Kindertransportmittel?
SANDRA KLOSE: Für mich persönlich ist der Trailer in erster Linie eine Ergänzung für mein Sportgerät. Ein Gerät, das dem Baby erlaubt, mitzukommen. Als Mama fühlst du dich viel besser, wenn du mit dem Baby trainierst, statt es abzugeben. Wir haben so viel Spaß zusammen! Als Transportmittel sehe ich den Trailer eher selten.

Die Werbung des Singletrailers suggeriert, dass man mit ihm echte „Wurzelbehandlung" betreiben kann. Wie wild kann man mit dem Singletrailer wirklich fahren?
SANDRA KLOSE: Sagen wir mal: sportlich. Ich habe das ohne meinen Zwerg mal ausprobiert, im Gelände so richtig schnell zu fahren. Das geht wirklich enorm gut. Man muss vielleicht erklären, dass ich mit schnell wirklich schnell meine. Ich denke aber, dass man das nur tun soll, wenn man es hundertprozentig im Griff hat, dass man sehr hohe Sicherheitsreserven einbauen sollte und dass man damit warten soll, bis das Baby ein Kleinkind ist. Nur dann geht es den Trail-Rhythmus mit. Ich glaube auch, dass man die Zwerge dazu animieren muss, Spaß an der „wilden" Fahrt zu haben.

Der Singletrailer ist exotisch, welches war das exotischste Erlebnis, das du samt Nachwuchs mit dem Singletrailer erlebt hast?
SANDRA KLOSE: Ich fahre mit dem Teil Steigungen hoch, an denen viele gute Sportler scheitern. Nicht wegen zu wenig Kraft, vielmehr wegen fehlender Technik. Am Herzogstand in Kochel gibt es zwei solche Rampen. Naja, da kann man sich gut vorstellen, was die Männer dann so für Gesichter machen.

Am Heck offenbart der Singletrailer-Einspur-Kinderanhänger seine Qualitäten: Das Federbein vom Mountainbike sorgt durch 20 cm Federweg für seidenweiche Fahrt.

Helm auf, Gurt anlegen, Spielzeug anreichen und noch einen Schluck aus der Flasche. Gleich geht es los!

jedoch nicht – Hineinsetzen und Anschnallen des (störrischen) Nachwuchses, das Ankuppeln ans Rad inklusive der Befestigung der Fangseile, all dies geht nach ein paar Tagen so leicht von der Hand, als hätte man nie etwas anderes gemacht. Die aufkommende Routine sollte jedoch nicht zur Nachlässigkeit verleiten – die Sicherheit des Kindes darf schließlich nie gefährdet sein.

Und wann geht's los?

Den Produktinformationen der Hersteller kann man entnehmen, dass der Transport der Kleinen im Anhänger praktisch vom ersten Tag an möglich ist. Das nötige Zubehör wird jedenfalls angeboten; von daher scheint nichts dagegenzusprechen, bereits wenige Wochen alte Säuglinge in den Trailer zu setzen.
Kein Problem, wenn dieser dann erst einmal als Kinderwagenersatz verwendet wird; ob man ein Neugeborenes jedoch mit dem Rad hinter sich herzieht, sollte von vielen Faktoren abhängig gemacht werden. So ist etwa sicherzustellen, dass der Frischling warm genug eingepackt werden kann, um eine etwaige Auskühlung durch den kalten Boden des Trailers zu verhindern. Besonders relevant ist dies bei Kindern, die im Herbst oder Winter geboren werden.
Wichtig ist, niemals von der eigenen Kleiderwahl auf das Bedürfnis des Kindes zu schließen: Wer sich auf dem Rad bewegt, startet meist mit einer Schicht zu wenig und anfangs leicht fröstelnd, um dann in Pedalaktion ausreichend eigene Wärme zu produzieren. Das Kind tut dies nicht, ergo braucht es bessere Wärmespeicher durch ausreichende Isolation.
Säuglinge, die seelenruhig im Kinderwagen schlummern, lassen sich natürlich eher im Hänger ziehen als solche, die immer wieder die Nähe der Eltern spüren müssen. So bestimmt auch die Wesensart eines Babys, ob es bereits in ganz zartem Alter per Fahrrad befördert wird.
Für viele Eltern stellen sich diese Überlegungen allerdings gar nicht – oft wird der Trailer erst dann eingesetzt, wenn das Kind stabil sitzen kann. Kein Problem, wenn die Fahrradbegeisterung so lange im Zaum gehalten werden kann ...

Alles sicher an Bord

Ängste bezüglich möglicher Verletzungs- und Unfallgefahren beim Anhängerbetrieb kommen immer mal wieder auf – und werden hin und wieder auch bewusst oder unbewusst geschürt. Aussagen wie die, die Insassen von Kinderanhängern würden den gleichen Beschleunigungsbelastungen ausgesetzt wie Jetpiloten, finden unweigerlich ihren Weg in die Tagespresse und verunsichern die Konsumenten; wird dann wissenschaftlich der gegenteilige Beweis erbracht, liest man dies höchstens in den Fachmagazinen. Auch vergleichende Tests unterschiedlicher Transportsysteme, bei denen die Anhänger nicht immer die Nase vorn haben, können für Verwirrung sorgen – vor allem, wenn zwar Testergebnisse genannt, diese aber weder erläutert noch bewertet werden.

Wie ist es also beim Kinderanhänger um die Unfallsicherheit bestellt? Bereits 1996 führte die Allianz-Versicherung umfangreiche Testreihen durch, um Informationen über die Sicherheit in Kindersitzen beziehungsweise Anhängern zu gewinnen. Für die Labortests wurden drei Unfallszenarien entworfen: das Auffahren auf eine geöffnete Autotür, der Abbiegeunfall sowie der seitliche Aufprall eines Autos auf das Gespann. In allen drei Fällen überstanden die Dummies im Trailer den Unfall nahezu unverletzt. Selbst beim seitlichen Aufprall eines Pkw passierte so gut wie nichts: Anstatt den Anhänger zu überrollen, schob das Auto diesen nur vor sich her.

Ganz anders erging es hingegen den Insassen in den Kindersitzen: Besonders ein am Lenker befestigter Sitz birgt die Gefahr schwerster Verletzungen, wenn der Radfahrer gegen eine geöffnete Autotür fährt – denn dabei wird das Kind vom Fahrer gegen das scharfkantige Hindernis gedrückt. Von dieser Transportmethode riet die Allianz in der Analyse der Testergebnisse eindringlich ab.

Bodenschwellen, Bordsteinkanten und schnelle Ausweichmanöver: Überall auf den Straßen lauern Unfallgefahren auf den Gespannfahrer – hört man zumindest immer wieder. Die Angst, der ans Rad gekoppelte Hänger könnte umkippen, treibt viele Eltern um. Ist es vielleicht doch nur ein Zeichen selbstsüchtiger Fahrradlust, sein Kind in einem Wägelchen aus Alurohren und Nylonplane hinter sich herzuziehen? Sollten verantwortungsbewusste Eltern nicht das SUV nehmen?

Einen Trailer zum Kippen zu bringen, ist bei normaler Fahrweise und normalem Tempo nahezu unmöglich. Um das kurveninnere Rad kurzzeitig vom Boden zu lösen, muss man selbst bei einem Einsitzer mit relativ schmaler Spur sehr zügig eine enge Kurve fahren und den Lenker bewusst stark verreißen. Um den Trailer auf einem Bodenschweller zum Kippen zu bringen, muss dieser extrem schnell mit einem Rad des Anhängers überfahren werden; falls das immer noch nicht reicht, „hilft" zusätzliches scharfes Einlenken in Richtung des Schwellers. Auch das Auffahren auf einen vorspringenden Bordstein kann den Trailer zum Kippen bringen; Voraussetzung ist aber auch hier ein hohes Tempo.

Derartige Manöver müssen meist ganz bewusst provoziert werden und sind zum Teil von einem normal geübten Radler kaum durchzuführen. Führt man sich vor Augen, dass die normale Fahrgeschwindigkeit im Anhängerbetrieb deutlich sinkt – schließlich müssen bis zu 45 Kilo zusätzliches Gewicht bewegt werden, was im Stop-and-Go des Stadtverkehrs ziemlich kräftezehrend ist –, erscheint es ziemlich unmöglich, dass der Trailer bei plötzlichen Ausweichmanövern zum Kippen gebracht werden kann.

Auch hier drin mit Helm?

Keine Frage, einen Fahrradhelm zu tragen ist eine sinnvolle Sache. Gerade für Kinder, denn die kleinen Verkehrsteilnehmer sind längst nicht so sicher auf ihrem Zweirad wie Erwachsene, und außerdem bis in die Pubertät hinein nicht in der Lage, das komplexe Verkehrsgeschehen richtig zu deuten und rechtzeitig und angemessen zu reagieren.

Ob der Helm auch im Trailer auf den Kopf gehört, ist allerdings längst nicht so eindeutig. Die modernen Anhänger sind so konstruiert, dass das Kind nicht mit dem Kopf gegen die Seitenwände oder das Dach stoßen kann, selbst dann nicht, wenn der Trailer umkippt. Voraussetzung ist allerdings, dass der kleine Passagier vorschriftsmäßig angegurtet ist. Kippt ein Hänger auf die Seite, ruht er in der Regel auf dem Rad und auf dem Schiebebügel, der auch aus diesem Grund nie abmontiert werden darf. Die Seitenwände haben dagegen keinen Bodenkontakt.

Gegen den Helm im Hänger spricht auch, dass er je nach Form den Kopf des Kindes nach vorne drückt und eine bequeme Sitzhaltung im Anhänger unmöglich macht. Speziell auf Kindersitze abgestimmte Helme können hier Abhilfe schaffen.

Etwas anders sieht die Situation bei einem Zwei-

Der zweifache Biketrail-Weltmeister Andi Kromer zeigt, wie man sicher mit dem Kinderanhänger wendet.

sitzer aus. Eltern sollten sicherstellen, dass die Kinder nicht mit den Köpfen aneinanderstoßen können – ist das doch der Fall, machen Helme im Hänger natürlich umso mehr Sinn. Unser Fazit: Der Helm schadet nie und hilft im Zweifelsfalle – also aufsetzen! Was übrigens auch für die Eltern gelten sollte.

Vorsicht im Verkehr!

Beim Ziehen eines Kinderanhängers ist natürlich besondere Umsicht geboten. So müssen sich Anfänger erst einmal auf die Breite des Gefährts einstellen; an Engstellen etwa oder bei Gegenverkehr auf schmalen Radwegen sollte man anfangs sehr langsam fahren oder zur Not auch mal schieben. Mittig auf den Wegen angebrachte Pfosten sind geradezu gefährlich, zumal man hier mit einem Rad des Trailers hängen bleiben kann. Beim Rangieren sollte man beachten, dass die Deichsel gegen den Hinterbau des Fahrrades stoßen kann – wenn das Rad nur locker gehalten wird, kann es schnell einmal umkippen. Ist dies passiert, muss unbedingt der feste Sitz der Kupplung überprüft werden. Auf die Hinterradachse gesteckte Kupplungsstücke, wie sie einige Hersteller verwenden, können beim Verdrehen die Achsmutter lockern, sodass das Hinterrad nicht mehr fest im Rahmen sitzt. Wer von Zeit zu Zeit den festen Sitz der Achsmuttern prüft, beugt Überraschungen vor. Dafür einfach den 15er-Maulschlüssel im Hänger deponieren, dann kann dies auch unterwegs geschehen.

Kippt der Hänger um, bleibt das Zugfahrrad davon übrigens unbehelligt; andersherum ist es genauso, also wenn das Fahrrad umfällt.

Autofahrer verhalten sich im Großen und Ganzen rücksichtsvoll gegenüber Fahrradgespannen, freuen sich aber andererseits auch darüber, wenn man ihnen hier und da mal Platz macht. Wer einen Linienbus oder Lkw hinter sich hat, sollte auch einmal rechts ran fahren und den Berufskraftfahrer vorbeilassen – etwa, wenn eine Parkbucht auftaucht. Aber vorher das Handzeichen nicht vergessen! Solche kleinen Gesten der Rücksichtnahme sorgen für Entspannung im Verkehrsgewühl und machen das Radfahren sicherer.

Auch an Kreuzungen, an denen man Vorfahrt

Reflexstreifen erhöhen die Sichtbarkeit erheblich.

Hänger sind vielseitiger, als man denkt.

hat, macht es Sinn, wartende Autofahrer vorzulassen, zumal wenn diese einen kurz darauf ohnehin überholen müssen. Beim Einfädeln in einen Kreisverkehr sollten Gespannfahrer besonders umsichtig sein, vor allem bei dichtem Verkehr. Wenn Fahrzeuge in dichter Folge in den Kreisel ein- oder aus ihm herausfahren, kann es nämlich vorkommen, dass ein Autofahrer zwar den Radler erkennt, nicht aber den Anhänger, weil dieser unter Umständen durch ein anderes Fahrzeug verdeckt wird. Ist die Sicht wieder frei, hat der Kfz-Lenker plötzlich den Trailer vorm Kühler. Hier machen auch die hohen Fähnchen in Signalfarbe Sinn, die bei den meisten Anhängern mitgeliefert werden. Sie sollten tunlichst montiert werden, ebenso wie Rückleuchten, denn das Fahrradrücklicht wird meist vom Hänger verdeckt.

Andererseits können besonders die aktuellen, am Gepäckträger montierten Diodenleuchten die Kinder im Anhänger bei Dunkelheit unangenehm blenden. Sie können etwa mit einem Tuch, das man am Gepäckträger befestigt, abgedeckt werden. Die rückwärtige Sichtbarkeit des Gespanns muss natürlich trotzdem gewährleistet sein! Lichtspezialist Busch und Müller hat eine Stromweiche im Programm, genannt Trailermatic. Sie erlaubt das einfache Umschalten vom Fahrradrücklicht aufs Hängerrücklicht.

Streng genommen ist nur eine dynamobetriebene Rückleuchte am Fahrradanhänger legal. Akkuleuchten erfüllen den Zweck genauso, dürften bei exakter Auslegung der Gesetze jedoch nicht verwendet werden. In der Praxis werden sie geduldet; es empfiehlt sich aber, eine Akkuleuchte mit Prüfzeichen zu verwenden – also kein „Blinky“, sondern ein Dauerlicht.

Um sich an das Radfahren mit Trailer zu gewöhnen, empfiehlt es sich, erst einmal ohne den Nachwuchs auf Tour zu gehen. So kann man sich an das veränderte Fahrverhalten und die Dimensionen des Anhängers gewöhnen, ohne sich Sorgen machen zu müssen, falls man einmal irgendwo aneckt. Ein oder zwei Sack Blumenerde, sicher angeschnallt, beschweren den Trailer und ergeben ein realistisches Fahrgefühl. Mit dieser Ladung im Rücken kann man auch extreme Fahrmanöver probieren – Vollbremsungen etwa oder abruptes Ausweichen. So bekommt man ein Gefühl dafür, was man dem Anhänger und seiner Besatzung zumuten kann. Solche Experimente sollte man aber nur auf autofreien Strecken durchführen und dabei immer im Rahmen der eigenen Möglichkeiten bleiben.

Schadstoffe? Keine Panik ...

Auch Fahrradzubehör kommt immer wieder ins Gerede, wenn Testinstitute Schadstoffbelastungen untersuchen. Insbesondere gegen die allgegenwärtigen Weichmacher scheint keine Produktkategorie gefeit zu sein. Die Hersteller von Anhängern sehen sich hier widerstreitenden Anforderungen ausgesetzt: Neben der verständlichen Forderung nach weitgehender Schadstofffreiheit sollen ihre Produkte auch wetterfest, UV-resistent und langlebig sein. Inzwischen ist die Materialentwicklung so weit fortgeschritten, dass etwa die transparenten Seitenfenster und Verdecke aus PVC-freien Kunststoffen hergestellt werden und dabei trotzdem haltbar und versprödungsresistent sind. Die Innenausstattung hochwertiger Trailer wird aus Materialien gefertigt, die dem Ökotex-100-Standard entsprechen – manchem Kritiker genügt dies allerdings nicht.

Die Angst, dass in den Materialien des Trailers

enthaltene Schadstoffe in den Organismus des Kindes gelangen, scheint jedenfalls übertrieben, wenn man sich folgende Tatsachen vor Augen führt: Die meisten Hänger werden an gut durchlüfteten Orten wie dem Hausflur oder Vorgarten abgestellt; ihre Nutzung erfolgt überwiegend an der frischen Luft. Dass die Ausdünstung von Schadstoffen unter diesen Umständen nachteilig für das Kind ist, scheint kaum denkbar. Auch dass ein Baby oder Kleinkind länger an Teilen des Trailers knabbert und dadurch Schadstoffe aufnimmt ist wenig wahrscheinlich. Denn zum einen sind auch in Kontakt mit dem Passagier befindliche Bauteile wie die Gurte kaum mit dem Mund zu erreichen, zum anderen ist dieser ohnehin meist anders beschäftigt – mit Schnuller, Apfelstück oder Kinderkeks etwa ...

Leider ist sich selbst so mancher Anbieter konkurrierender Kindertransportsysteme nicht zu fein dazu, den Trailerbetrieb durch unzutreffende Behauptungen zu diskreditieren und dadurch letztlich junge Eltern zu verunsichern. Und das alles, um für eigene Konzepte die Werbetrommel zu rühren – etwa ein „Kinderbeförderungsmodul", das an ein spezielles 20-Zoll-Fahrrad (ohne Lichtanlage) gekoppelt werden kann.
Setpreis mit Dreigangschaltung 1449 Euro, was in etwa dem Preis eines sehr guten Trailers oder eines richtig guten Tourenbikes entspricht.
Wie ist es etwa mit der Behauptung, „Notfallsituationen" könnten „nicht rechtzeitig erkannt werden", da die Kinder außerhalb des Blickfeldes lägen? In Notfallsituationen machen Kinder in der Regel lautstark auf sich aufmerksam, und beim Radfahren kann man eigentlich immer und sofort anhalten, um dem Nachwuchs schnelle Hilfe zu leisten. Beim Kindertransport im Auto, wo die Kinder ebenfalls nicht im Blickfeld liegen, ist das übrigens nicht der Fall.
Bei dem Hinweis, ein Anhänger könne beim Überfahren einer Bordsteinkante kippen, wünscht man sich Aufklärung darüber, wie es sich denn für den Fall verhält, dass man mit einem der ungefederten Vorderräder des „Kindermoduls" gegen eine Kante fährt – ob dann nämlich nicht gleich das komplette Gefährt inklusive Fahrer zu Boden geht.
Der Hinweis, der Bremsweg des Zugfahrrades würde sich im Gespannbetrieb „beachtlich" verlängern, ist dagegen durchaus ernst zu nehmen und führt uns zu der Frage, was das Zugfahrzeug eigentlich technisch bieten muss.

Beim Zugfahrzeug ist unbedingt auf kräftige, funktionssichere Bremsen zu achten.

Dass der Anhänger das Hinterrad des Zugfahrzeugs bei einer Vollbremsung zur Seite schiebt, kann getrost in die Kategorie „Panikmache" einsortiert werden. Immerhin ruht der überwiegende Teil des Fahrergewichts auf dem hinteren Rad, dazu kommt noch die Achslast des Anhängers. Dennoch ist beim Zugfahrzeug unbedingt auf kräftige, funktionssichere Bremsen zu achten. Die Bremsanlage eines altes Dreigangrades etwa – Rücktritt und klassische Bremszange, die eine Stahlfelge verzögert – könnte bei flotter Abfahrt unter Umständen überfordert damit sein, Rad und Hänger rechtzeitig zum Stehen zu bringen. Moderne Fahrräder, auch Tourenmodelle, sind in der Regel mit V-Brakes ausgestattet, der mit Abstand wirkungsvollsten Variante seilzugbetriebener Felgenbremsen. Korrekte Einstellung und guter Zustand der Bremsbeläge vorausgesetzt, ist so eine Bremsanlage auch bei höherem Tempo verlässlich – selbst wenn von hinten der Trailer schiebt. Noch besser stehen hydraulisch betriebene Felgenbremsen oder gar Scheibenbremsen da.
Mit solchen Stoppern ist man für den Notfall gerüstet; provozieren sollte man diesen jedoch nicht. Bei längeren Bergabfahrten empfiehlt es sich, das Rad in regelmäßigen Abständen durch beherzten „Griff in die Eisen" zu verzögern; das ist deutlich besser als eine schleifende Dauerbremsung. Bei einer kurvenreichen Abfahrt sollte man den Zustand der Fahrbahn im Auge behalten. Leichtes Verzögern in Schräglage ist an sich kein Problem; ist Split oder Matsch im Spiel, kann jedoch das Vorderrad wegrutschen. Also lieber vor der eigentlichen Kurve abbremsen. Übrigens neigt das Hinterrad eines Velos mit angehängtem Trailer weniger zum Blockieren als eine Zugmaschine ohne Hänger.
Vor der ersten Montage des Hängers sollten Sie sicherstellen, ob das Rad überhaupt für Anhängerfahrten zugelassen ist. Solide Citybikes und Trekkingmodelle (ab 700 Euro aufwärts) stellen nur selten ein Problem dar. Anders sieht es bei Sporträdern aus: Hochwertige Rennräder und

Das E-Bike ist bei der urbanen Familie angekommen. Hersteller bieten mittlerweile spezielle Modelle mit integriertem Kindersitzadapter, Hängerkupplungsaufnahme und Korbhaltern.

Mountainbikes werden in der Regel vom Hersteller nicht für den Trailerbetrieb freigegeben. Besonders Modelle aus Carbon oder voll gefederte Räder sind davon betroffen. Letzteres gilt auch im Alltagsbereich. Stellen Sie also durch einen Blick in die Bedienungsanleitung sicher, ob der Hängerbetrieb möglich ist. Auch bei der Montage der Kupplung sollten Sie Sicherheit großschreiben und im Zweifelsfall besser den Fachmann für die Erstmontage zurate ziehen. Aus aktuellem Anlass muss erwähnt werden, dass die Hersteller bei Pedelecs besonders penibel sind; auch Räder, die nach einer idealen Zugmaschine aussehen, dürfen manchmal keinen Trailer ankuppeln.

Der Zustand der Zugmaschine

Dass das dem Trailer vorgespannte Fahrrad über eine gut funktionierende Bremsanlage sowie eine helle Beleuchtung verfügen muss, ist klar. Gibt es darüber hinaus spezielle Anforderungen? Allgemein sollte man den Trailer nur an ein rundum sicheres Fahrrad kuppeln; beim Hängerkauf empfiehlt es sich, das oder die Räder, mit denen der Trailer gezogen wird, vom Fachmann durchsehen zu lassen. Klarmachen muss man sich, dass der Anhänger eine deutliche Mehrbelastung für den Radler darstellt – besonders, wenn Touren gefahren werden sollen oder es öfter mal den Berg hoch geht, sollte eine Gangschaltung mit großem Übersetzungsspektrum am Rad sein. Bei Fahrrädern mit Nabenschaltung kann es Sinn machen, hinten ein größeres Ritzel montieren zu lassen – so werden alle Gänge etwas leichter.

Um das Vorankommen zu erleichtern, sollte die Zugmaschine ebenso wie der Anhänger mit viel Druck aufgepumpt werden. Viele Fahrradreifen verlieren schleichend Luft, alle vier Wochen sollte man den Druck also kontrollieren. Übrigens ist ein praller Pneu auch besser gegen Reifendefekte gefeit. Abgesehen vom Reifendruck sollten auch die Bestandteile der Kupplung regelmäßig auf sichere Funktion überprüft werden.

Moderne Touren- und Trekkingräder werden fast immer mit einem Hinterbauständer ausgestattet, der dafür sorgt, dass das Rad auch bei Beladung sicher steht – wobei mit „Beladung" hier schon der Wochenendeinkauf im Fahrradkorb gemeint ist. Auch mit angekoppeltem Hänger stehen Fahrräder deutlich sicherer, wenn ein Hinterbauständer montiert ist; Nachrüsten lohnt sich also. Achten Sie auf mögliche Kollisionen zwischen Kupplung und Ständer – in keiner Fahr- oder Parksituation sollten sich Ständer und Deichsel berühren.

Und los geht's

Der Vorfreude darauf, endlich wieder mit dem Rad unterwegs zu sein, folgt oft genug eine herbe Enttäuschung: Denn nicht immer genießt der Nachwuchs die gemeinsamen Ausfahrten von Beginn an so wie die Eltern. Kein Wunder, denn während die Eltern seit Jahrzehnten mit dem Rad unterwegs sind, ist diese Art der Beförderung für die Kleinen erst einmal Neuland. Wichtig ist also, seinem Kind den Einstieg ins Trailerleben so angenehm wie möglich zu machen.

Der erste Schritt dazu: Machen Sie den Trailer zum Kinderzimmer! Mit Kuscheltieren, der Lieblingsdecke und Spielsachen ausgestattet (Letztere bitte ohne Ecken und Kanten), fühlt sich das Kind in der ungewohnten Fahrgastzelle schon sicherer. Anfangs sollte man auf kurze Fahrzeiten achten und Unmutsäußerungen des Kindes ernst nehmen – mit dem Gedanken „Stell' dich nicht so an" einfach weiterzustrampeln, sorgt nur für anhaltende Anhänger-Antipathie. Eine hilfreiche Taktik ist auch, den Trailer anfangs nur zum Anfahren von Zielen einzusetzen, über die sich das Kind freut: zu Oma und Opa, zur Krabbelgruppe, zum Spielplatz ...

Wenn ein Kind auch auf Dauer nicht so recht Freude am Trailerfahren findet, kann das viele Ursachen haben. Manche Kinder fühlen sich in ihrem Bewegungsdrang gebremst, andere finden es schlicht langweilig, im Anhänger zu sitzen. Die vorüberziehende Landschaft sagt ihnen zunächst nichts, lieber würden sie menschliche Gesichter sehen. Es ist auch nicht unbedingt zu erwarten, dass die Kleinen sanft einschlummern, sobald sich das Gespann in Bewegung setzt. Letztlich ist Kompromissbereitschaft aufseiten der Eltern gefragt. Vielleicht wird im ersten Jahr nichts aus der sehnlich erwarteten mehrstündigen Radtour; stattdessen geht es halt „nur" zum 20 Fahrminuten entfernten Spielplatz. Oder man stellt sich darauf ein, in regelmäßigen Abständen kleine Häppchen hineinzureichen, um die Kinder bei Laune zu halten. Je angenehmer den Kindern der Aufenthalt im Trailer gemacht wird, desto eher werden sie sich daran gewöhnen.

Kindersitze

Thomas Libischer / HAMAX

Welche Vorteile bietet der Kindersitz?
THOMAS LIBISCHER: Er bietet einen direkteren Kontakt Mutter/Vater-Kind, Kommunikation ist zumindest durch lautes Sprechen möglich. Die Anschaffungskosten sind überschaubar. Moderne Kindersitze verfügen über eine leicht einstellbare, bequeme Schlafstellung, sodass auch längere Touren möglich sind

Worauf muss ich bei meinem Fahrrad bezüglich des Kindersitzes achten?
THOMAS LIBISCHER: Die Kindersitze werden in der Regel am Sattelrohr befestigt und der mitgelieferte Standardbügel passt zumeist ... Es ist aber möglich, dass man mit einem Extrabügel verschiedene Winkel, Neigungen und Rahmengrößen korrigieren muss, um den Sitz richtig montieren zu können. Außerdem kommt es vor, dass der Rahmenrohrdurchmesser oder dessen Form (z. B. ovalisiertes Rohr) eine Montage nicht zulassen. Hamax bietet mit seinem Plus-System eine Lösung an, bei der der Kindersitz auf einem speziellen Hamax-Gepäckträger montiert wird.

Ab welchem Alter kann ich Kinder im Kindersitz transportieren?
THOMAS LIBISCHER: Ab einem Alter von neun Monaten und bis zu einem Gewicht von 22 Kilo.

Wird der Kindersitz vom Anhänger verdrängt?
THOMAS LIBISCHER: Es werden nach wie vor mehr Kinderfahrradsitze verkauft als Anhänger, allerdings sind sie schon rein optisch deutlich unauffälliger. Anhänger haben den Nachteil, dass sie schwerfälliger oder zumindest gewöhnungsbedürftiger beim Ausweichen und beim Kurvenfahren sind. Und Anhänger sind natürlich erheblich schwerer als Kinderfahrradsitze.

Generell glauben wir, dass der Markt durchaus beide Systeme verträgt. Es gibt einfach unterschiedliche Wünsche, Vorstellungen und Möglichkeiten ...

Worauf muss ich beim Kauf eines gebrauchten Kindersitzes achten?
THOMAS LIBISCHER: Vor allem muss der Halter, auf dem das komplette Gewicht des Kindersitzes plus Kind lastet, in einwandfreiem Zustand sein.

Welches Zubehör rund um den Kindersitz halten Sie für besonders sinnvoll?
THOMAS LIBISCHER: Praktisch ist ein spezieller Regenponcho, der über Kind und Sitz passt. Außerdem bietet z. B. das Hamax-Plus-System die Möglichkeit, Packtaschen und Kindersitz zu kombinieren, beide werden am Hamax-Gepäckträger befestigt.

Nicht vergessen sollte man, dass es zunächst einmal darum geht, sich im Alltag wieder ein Stück Freiheit zurückzuerobern. Und das gelingt fast immer, auch wenn die ganz große Freiheit auf dem Rad noch etwas warten muss.
Eltern, die den Anhänger zur gemeinsamen (sportlichen) Ausfahrt nutzen wollen, wobei der Weg das Ziel ist, sollten erst dann starten, wenn das Kind müde ist, und etwa den Mittagsschlaf am Wochenende in den Trailer verlagern. Viele Kinder lassen sich durch das gleichmäßige sanfte Geruckel in den Schlaf wiegen. Manchmal ist eine Runde im Trailer sogar die letzte Rettung bei Einschlafproblemen. Ganz richtig, früher nahm man dazu das Auto ...

Kindersitze: Die einfache Lösung

Moderne Kindersitze haben kaum noch Ähnlichkeit mit den Blechkörbchen, auf denen die jungen Eltern von heute in ihrer frühen Kindheit thronten. „Gott sei Dank!", möchte man ausrufen, denn in Sachen Sicherheit waren diese Sitze natürlich alles andere als vorbildlich. Und sage jetzt keiner, wir hätten es ja überlebt – im Jahre 1970 kamen über 21 000 Menschen im Straßenverkehr ums Leben, fünfmal so viele wie heute, dabei sind inzwischen fast dreimal mehr Autos auf den Straßen unterwegs.
Es gibt gute Gründe, auf die Anschaffung eines Anhängers zu verzichten und einen Kindersitz vorzuziehen. Einer davon ist die Häufigkeit und Intensität der Fahrradnutzung: Wird nicht täglich gefahren und dann auch nur eine kurze Strecke zurückgelegt, mag man ein gewisses Missverhältnis zwischen Aufwand (Kind parken, Trailer aus dem Keller holen, ankoppeln, Kind hineinsetzen, aus dem Vorgarten rangieren) und Nutzen (fünf Minuten zur Kita fahren) konstatieren. Vielfach spricht auch ein schnödes Platzproblem gegen die Anschaffung eines Trailers, und häufig auch ein finanzielles.
Nur wenige Kindersitze kosten deutlich über 100 Euro; sie sind leicht montiert und verbleiben in vielen Fällen einfach am Rad – schließlich ist das Risiko, dass sie geklaut werden, viel geringer als bei einem vergleichsweise kostspieligeren Trailer. Vielfach führen Sitz und Trailer auch eine friedliche Koexistenz: Das ältere Kind fährt auf dem Fahrrad mit, das Nesthäkchen wird hinterhergezogen.
Kindersitze, der Name sagt es schon, eignen sich nur für Kinder, die selbstständig sitzen können. Die meisten Hersteller geben neun Monate als

KINDERSITZ

Ein hochwertiger Kindersitz zeichnet sich vor allem durch gute Verstellmöglichkeiten aus. Abgesehen davon, dass die Schultergurte in der Weite verstellbar sind, müssen sie auch höhenverstellbar sein, damit man sie an die Körpergröße des Kindes anpassen kann. Wichtig ist, dass das Kind das Gurtschloss nicht selbst öffnen kann. Die Fußstützen müssen ebenfalls verstellbar sein und so konstruiert, dass das Kind nicht mit den Füßen in die Speichen gelangen kann. Auch die Fußbänder müssen einstellbar sein. Praktisch ist eine bewegliche Rückenlehne, die etwas nach hinten geklappt werden kann, wenn das Kind schlafen will. Die Polsterung sollte abnehmbar und waschbar sein. Gute Kindersitze lassen sich auf ihrem Gestell in Längsrichtung verschieben, zumal der Sitz nur knapp hinter der Hinterradachse positioniert sein sollte.

GEEIGNET ab 9 Monaten
PREIS ab 70 Euro
TIPP Montieren Sie einen „Ausgleichskorb" vorn, damit weiteres Gepäck dem Aufbäumen des Rades beim Schieben einen Riegel vorschiebt

Mindestalter an; ein Alter also, in dem Babys schon mehrere Monate Trailererfahrung haben können. Nach oben hin gibt der Gesetzgeber die Grenze vor. Das Kind darf noch nicht sieben Jahre alt sein, Letzteres gilt im Übrigen auch für den Trailer. Eine Gewichtsbegrenzung für Kindersitze sieht die Straßenverkehrsordnung nicht vor, allerdings geben die Hersteller Höchstgewichte an; üblich sind um die 20 Kilogramm.

Bei der Anhängerbenutzung könnten Eltern versucht sein, das Höchstalter auszureizen (wenn das Kind mitmacht); wird ein Kindersitz benutzt, tritt wohl eher der umgekehrte Fall ein. Mit steigendem Körpergewicht wirkt sich das Kind im Sitz nämlich zunehmend ungünstig auf das Fahrverhalten des Fahrrades aus. Das relativ hoch angebrachte Zusatzgewicht macht das Fahrrad kippeliger und verschiebt die Gesamtlast bei der heute fast immer gewählten Montage hinten noch stärker aufs Hinterrad. Beim Bremsen bedeutet dies, dass das Vorderrad leichter wegrutschen kann. Stärker noch als beim Trailer empfiehlt es sich bei der Nutzung eines Kindersitzes, vor dem ersten Kindertransport auf Testfahrt zu gehen. Vielleicht ja zum Hobbymarkt, dann sieht es auch nicht so komisch aus, dass man die Blumenerde im Kindersitz spazieren fährt.

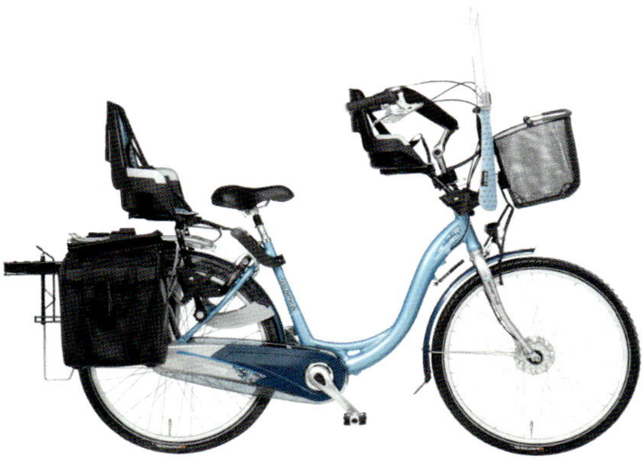

In Deutschland sind sie seltener, in Holland gehören sie zum Stadtbild: Familienräder mit mehreren Kindersitzen, Windschutz und Korb.

Pünktlich zur Fahrradsaison werfen Kaffeeröster und Baumärkte Kindersitze zu Schleuderpreisen auf den Markt, und immer wieder weisen Prüfinstitute solchen Produkten ernste Sicherheitsmängel nach. Das betrifft beispielsweise Gurtsysteme, die sich nicht sicher einstellen oder schließen lassen beziehungsweise vom Kind geöffnet werden können. Um vor solchen Risiken geschützt zu sein, sollte man einen Kindersitz auf jeden Fall im Fachhandel kaufen – neben Fahrradläden kommen etwa auch Fachgeschäfte für den Kindertransport infrage. Einem billigen No-Name-Sitz sollte durchaus das Modell eines Spezialherstellers wie Hamax, Römer oder Kettler vorgezogen werden, auch wenn es 50 Euro mehr kostet.

Fahrradkindersitze ähneln in vielem den Sitzen, die im Auto verwendet werden: Der Passagier wird mit einem Hosenträgergurt fixiert; die Form der Sitzschale sorgt für guten Seitenhalt und bessere Modelle können verstellt werden, damit das Kind eine etwas flachere Position einnehmen kann; so soll verhindert werden, dass beim Einschlafen der Kopf nach vorne kippt. Die Fußstützen sind so ausgeführt, dass die Füße nicht in die Speichen des Hinterrades kommen können, und zusätzlich mit Halteriemen versehen.

Die Befestigung am Fahrrad erfolgt bei fast allen Modellen nach dem gleichen Muster: Am Sitzrohr wird ein Adapter montiert, in den das Gestell des Sitzes gesteckt wird. Dieses Gestell wirkt wie eine Federung und sorgt dafür, dass das Kind im Sitz deutlich weniger durchgeschüttelt wird als der Radler selbst. Alternativ gibt es Modelle, die auf einem speziellen Gepäckträger befestigt werden; diese verfügen über integrierte Federelemente.

Im Detail gleicht kaum ein Kindersitz dem anderen; Unterschiede gibt es etwa bei der Polsterung des Sitzes, die mal üppig, mal spartanisch ausfällt; bei manchen Modellen lässt sich die Rückenlehne in der Höhe verstellen oder die Position der Gurte und Fußstützen anpassen. Mancher Hersteller bietet vielfach verstellbare Fußrasten und Beinkanäle an, andere haben eine starre Konstruktion und größere Kinder sitzen darin wie der berühmte Affe auf dem Schleifstein. Einige Hersteller statten ihre Sitze übrigens mit praktischen Gepäckboxen aus.

Neben den rückwärtig angebrachten Sitzen werden auch solche angeboten, die am Steuerrohr des Fahrrades befestigt werden; das Kind sitzt zwischen Fahrer und Lenker und schaut nach vorne. Frontkindersitze sind nur bis zu 15 Kilo belastbar, eignen sich also nur für kleinere Kinder. Damit der Sitz nicht dem Fahrer ins Gehege kommt, muss er insgesamt kompakter ausfallen; so ist die Rücklehne niedriger, was verhindert, dass das Kind in diesem Sitz schlafen kann. Bei einem Sonderfall des vorne montierten Kindersitzes sitzt das

ABUS

Kind über dem Vorderrad und blickt zum Fahrer. Dadurch wandert der Schwerpunkt noch weiter nach vorne, was sich ungünstig auf die Lenkung und aufs Bremsverhalten auswirkt.

Für den Kindertransport vorne am Rad spricht bestenfalls, dass man das Kind einigermaßen im Blick hat; die Argumente dagegen jedoch wiegen so schwer, dass sich so mancher Fahrradhändler weigert, diese Art des Kindersitzes zu verkaufen oder zu montieren. Bei einem Frontalaufprall nämlich – etwa, wenn der Radler gegen eine sich öffnende Autotür fährt – drückt die Körpermasse des Radfahrers das Kind gegen das Hindernis. Geht der Radfahrer bei einer Schreckbremsung über den Lenker, kann er auf das Kind fallen.
Die Sache ist klar: Verantwortungsvolle Eltern benutzen nur rückwärtig angebrachte Kindersitze. Ein Fahrradhelm gehört zwingend auf den Kinderkopf, denn falls es zu einem Unfall kommt, ist das Verletzungsrisiko aufgrund der großen Fallhöhe hoch. Und es muss ja nicht einmal eine Kollision mit einem Auto sein: Das Fahrrad wird kurz abgestellt, das Kind beugt sich zur Seite ... Um solchen Situationen vorzubeugen, sollte man das Kind nie auf dem abgestellten Fahrrad sitzen lassen – ein Nachteil gegenüber dem Trailer, den man auch mit Kind kurz mal vor einem Geschäft parken kann.
Bedenken sollte man außerdem, dass man mit Kindern nie ohne Gepäck unterwegs ist: Wickelzeug, Spielsachen, Badeutensilien oder Einkäufe, all das muss zusätzlich transportiert werden. Das wird auf einem Rad mit Kindersitz kompliziert; der Hänger dagegen nimmt nicht nur das Kinder auf, sondern auch Gepäck, und obendrein bleibt der Träger frei für Packtaschen oder einen Korb.
Beim Kauf eines Kindersitzes empfiehlt es sich, gleich einen Zweibeinständer montieren zu lassen. Das geparkte Rad steht dadurch deutlich stabiler und vor allem senkrecht, sodass es leichter fällt, das Kind in den Sitz zu heben und anzugurten. Und wie beim Anhänger muss auch beim Kindersitz sichergestellt sein, dass der Hersteller das Rad zur Kindersitzmontage zugelassen hat. Moderne, leichte Rahmen reagieren mitunter empfindlich auf die massiven Schellen der Halterung.
Kleine Kinder wachsen schnell, was ihre Eltern meist erst dann bemerken, wenn das Köpfchen nicht mehr durch den Strampler passt oder die Söckchen klemmen. Der regelmäßige Austausch der Garderobe, weil alles zu klein geworden ist, ist ein guter Zeitpunkt, um das Gurtsystem von Kindersitz und Trailer zu kontrollieren. Wer sich nicht sicher ist, ob sein Kind bereits aus der Hängematte für Säuglinge oder aus dem Babysitz herausgewachsen ist, sollte beim Händler nachfragen.

So bitte nicht!

Ob Trailer oder Kindersitz – sein Kind sicher mit dem Fahrrad zu transportieren, ist auch für den Laien kein Hexenwerk. Allerdings sieht man immer wieder Leute, die eindrucksvoll demonstrieren, wie man es auf jeden Fall nicht machen sollte, sei es aus Leichtsinn oder ganz einfach aus Dummheit.
So lässt sich etwa eine bekannte TV-Schauspielerin für ein Frauenmagazin auf dem Rad ablichten – mit ihrem Säugling, den sie sich in einer Tragevorrichtung vor den Bauch geschnallt hat. Und immer mal wieder radeln Menschen vorbei, die ihr Baby im Tragetuch am Körper tragen. Was bei einem Sturz vom Rad mit dem Kind passiert, möchte man sich nicht ausmalen – vielleicht schützt es den Erwachsenen ja immerhin als eine Art lebender Airbag vor Verletzungen. Sie finden, das sei eine widerwärtige Idee? Wir auch; sollten Sie also einmal einen Verkehrsteilnehmer antreffen, der sein Kind auf diese Weise befördert, teilen Sie diesen Gedanken mit ihr oder ihm. Und wer weiß, vielleicht haben Sie bis dahin selbst praktische Erfahrungen mit dem sicheren Kindertransport auf dem Rad gemacht und können Ihr Expertenwissen weitergeben.

Gut verstaut. Es gibt Hängersitze für jedes Alter.

Manchmal passiert, was nicht passieren sollte: Der Fahrer gerät ins Rutschen ... aber der Anhänger steht.

ANFANG DER AUTOMOBILITÄT

Vom Krabbeln zum Laufrad

Was mag ein junger Vogel empfinden, wenn er merkt, dass er fliegen kann? Sicher eine ähnliche Freude, wie sie kleine Kinder empfinden, wenn sie endlich ihren Bewegungsdrang ausleben können. Davor steht allerdings auch viel Arbeit: Der Säugling, der sich auf den Bauch drehen will, schreit seinen Ärger heraus, wenn es ihm nicht gelingt; das Kleinkind, das kurz davor steht, die ersten Schritte zu tun, kann während dieser Zeit ganz schön gereizt sein.
Keine Frage: Anstrengungen und Rückschläge gehören dazu, wenn ein Mensch lernt, mit seiner Körperlichkeit umzugehen. Doch gleichzeitig ist dies eine der spannendsten Entdeckungen, die ein Kind machen kann: die Fähigkeit zu haben, selbst über seinen Standort zu entscheiden. Konkret: überall dorthin zu gelangen, wo interessante Dinge darauf warten, untersucht zu werden.
Aber natürlich können die Kleinen nicht überall hin, denn überall lauern kleine und große Gefahren. Und eine der frustrierendsten Aufgaben der Eltern ist es, dem Bewegungsdrang ihrer Kinder immer wieder Schranken zu setzen. Wer lernt, sich zu bewegen, muss auch lernen, wo die Grenzen der eigenen Möglichkeiten liegen, und das tut oft genug weh. Beim Laufen lang hinzuschlagen, vom Sofa zu rollen oder vom Gummipferd abgeworfen zu werden – aus solchen Erlebnissen lernen Kinder langfristig, ihre Fähigkeiten besser einzuschätzen und angemessen vorsichtig zu sein. Scheitern gehört dazu, und Frustrationserlebnisse setzen oft erst die Energien frei, mit denen sich der nächste Schritt bewältigen lässt.
All diese Prozesse müssen jedoch von den Eltern begleitet und gelenkt werden. „Aus Schaden wird man klug" ist für diese Phase das falsche Motto. Die Verantwortung dafür, dass Kinder ihre Mobilität in einem gesicherten Rahmen entdecken, liegt ganz klar bei Papa und Mama; sie müssen entscheiden, was die Kleinen gefahrlos tun können, wo die elterliche Unterstützung möglich und sinnvoll ist und was gar nicht geht. Und auch dies müssen sich Eltern fragen: Bin ich übersensibel, mache ich mir selbst unnötig Angst, oder ist meine Sorge angemessen und ganz natürlich? Überbehütung schränkt nicht nur die Bewegungsfreiheit des Kindes ein, sondern langfristig auch die Bewegungsfähigkeit – mit schwerwiegenden Konsequenzen für Körper, Geist und Selbstbewusstsein, wie wir später sehen werden.
Sozusagen als Entschädigung für präventive, Gefahren vermeidende Einschränkungen bieten wir unseren Kindern Gegenstände an, mit denen sie die Grenzen des menschlichen Körpers erweitern können, mit denen sie schneller werden, weiter kommen, den Spaß an der Bewegung steigern: das Gummipferd, das Rutschauto, den Roller, das Laufrad ...

Kinder lernen Rad fahren I

Lilo Franzen, Bonner Fahrradschule

„Wichtig für eine hervorragende Gehirnreifung ist eine ausgiebige Krabbelphase."

Radfahren lernen ist eine komplexe Sache. Wie finde ich heraus, auf welchem Entwicklungsstand mein Kind ist und welches Fahrzeug das beste in dieser Phase ist?
LILO FRANZEN: Folgende Fragen helfen weiter: Wie mutig und geschickt ist mein Kind? Wie reaktionsschnell und sicher ist es im Alltag, wenn es sich bewegt? Hat es Spaß an der Bewegung und an Fahrzeugen, oder ist es ängstlich und unsicher? Gut entwickelte motorische Fertigkeiten sind für

erfolgreiches Radfahrenlernen viel entscheidender als das Alter und die Größe des Kindes. Gehen Sie die Stufen der kindlichen Entwicklung durch und wählen Sie das nächste Fahrzeug erst, wenn ihr Kind die vorhergehende Stufe ausgiebig erfahren und üben konnte. Beginnen Sie mit dem Laufrad, dann folgt auf jeden Fall der Roller und erst dann ein verhältnismäßiges kleines Lernrad – aber bitte ohne Stützräder! Parallel erlaubt sind Dreirad, Gokart und Trampel-Traktor. Alle Kinderfahrzeuge sollten kindgerecht und qualitativ hochwertig verarbeitet sein, damit das Lernen wirklich Spaß macht.
Wählen Sie ein Fahrradfachgeschäft, in dem Sie kompetent, ausführlich und kindgerecht beraten werden. Lassen Sie sich und Ihrem Kind Zeit. Entschleunigen Sie das Lernen. Leistungsdruck ist kontraproduktiv!

Welche geistigen und körperlichen Aktivitäten begünstigen das Radfahrenlernen?

LILO FRANZEN: Mobilität von Anfang an! Beginnen Sie sofort mit einem intensiven und abwechslungsreichen frühkindlichen Spiel- und Bewegungsangebot. Wichtig für eine hervorragende Gehirnreifung ist eine ausgiebige Krabbelphase. Lassen Sie das Baby seine Umwelt ausführlich erkunden. Nie wieder in unserem Leben werden so viele bahnbrechende Neuronenverbindungen neu geknüpft wie in den ersten beiden Lebensjahren. Sprechen Sie alle Sinne an! So fördern Sie von Anfang an die Wahrnehmungsfähigkeiten Ihres Kindes. Hier wird die Basis gelegt für schnelles und erfolgreiches Lernen in allen Lebensbereichen wie Schule, Sport und Alltag – also auch für das Radfahrenlernen. Lassen Sie früh überprüfen, ob Ihr Kind wirklich gut sehen und hören kann.

Welche geistigen und körperlichen Aktivitäten begünstigt das Radfahren?

LILO FRANZEN: Alle! Beim Radfahren werden Gleichgewicht, Koordination, Ausdauer, Wahrnehmung und geistige Entwicklung intensiv geschult. Bewegungsaktive Kinder, die ihr Wohnumfeld mit dem Rad neugierig erkunden, legen wichtige Meilensteine für das Lernen in der Schule an. Außerdem fördert das gemeinsame positive Erleben von Raum und Natur besonders wichtige episodische Gedächtnisbereiche und schult alle Sinne und Wahrnehmungsebenen auf einmal. Kinder lernen am besten über sinnliche Verknüpfungen und Erlebnisse. Kann das Kind sicher Rad fahren, hat es verschiedene Bewegungsmuster automatisiert. Es muss nicht mehr darüber nachdenken, wie es sich bewegen soll. Erst dann kann es gleichzeitig – im Multitasking – Gefahren rechtzeitig wahrnehmen, rasch reagieren, reden und den Weg erkunden. So ist hervorragende Wahrnehmung gezielt auf einer höheren und wesentlich schnelleren Plattform möglich. Das Kind erwirbt so eine komplexe Handlungskompetenz, die sich auf alle Lebensbereiche auswirkt. Intensive Raumerfahrung und die Wahrnehmungsverarbeitung zeitlicher Abfolgen mit allen Sinnen legen Grundbausteine für das Begreifen von Raum und Zeit, und damit die Basis für Schulfächer wie Mathematik, Physik, Chemie, Informatik, Erdkunde und Biologie. Auch Fremdsprachen lernen, spannende Aufsätze verfassen und sichere Rechtschreibung haben hier ihre Wurzeln.

In welcher Wechselwirkung stehen körperliche Bewegung und schulischer Lernerfolg?

LILO FRANZEN: Ein vielfältiges körperliches Bewegungsangebot ist für Kinder in jedem Alter Pflicht! Jede gesparte Stunde TV- oder PC-Konsum wirkt sich positiv aus. Je mannigfaltiger und spannender die einzelnen Bewegungsaufgaben sind, desto dichter, sicherer und schneller werden die Neuronen im Gehirn verknüpft – die Voraussetzung für gelingendes schulisches Lernen in allen Fächern. Dann macht die Schule auch Spaß und gelingt. Bewegen sich Kinder bei Sport und Spiel in Gruppen mit anderen Kindern, so schult dies neben den motorischen Fähigkeiten auch hervorragend die Teamfähigkeit jedes einzelnen.

Welchen Rat geben Sie Eltern ängstlicher Kinder?

LILO FRANZEN: Bleiben Sie gelassen und haben Sie Verständnis für Ihr Kind, denn Angst hat immer einen Grund. Dafür kann Ihr Kind nichts! Meist fehlen dann noch einige der wichtigen motorischen und sensomotorischen Entwicklungsschritte. Die motorischen Fertigkeiten sind für das Radfahrenlernen viel entscheidender als das Alter des Kindes. Vergleiche mit Gleichaltrigen verschlimmern nur die Situation für Ihr Kind, machen es traurig und beschämt. Suchen Sie Hilfe, ergründen Sie, wo die Lernblockaden und damit die Ängste liegen. Finden Sie heraus, welche ganzheitliche Entwicklungs- und Bewegungsförderung Ihrem Kind weiterhelfen kann. Erkundigen Sie sich nach einer Fahrradschule für Ihr Kind.

Kaum zu glauben: Hier fängt Radfahren an ... die erste Körperdrehung verändert die Welt. Nicht nur fürs Kind.

Schritt für Schritt beweglich

Mobilität wird in Etappen erlernt, die aufeinander folgen und aufbauen. Nach ein paar Monaten kann sich das Baby auf den Bauch drehen und den Kopf heben: Nun sieht es die Welt zum ersten Mal „richtig herum"; es entdeckt Dinge in seiner Umgebung, die es erreichen möchte. Die Ärmchen nach etwas auszustrecken reicht bald nicht mehr, und doch ist dieses Strecken schon eine Vorstufe zum Robben und damit zur ersten selbstständigen Fortbewegung.
Der Schritt zum Krabbeln scheint da gar nicht mehr so bedeutend zu sein, doch in Wirklichkeit bedeutet er viel mehr als nur einen vergrößerten Bewegungsradius: Nun tragen die Extremitäten das Körpergewicht, vor allem die Beine werden zum ersten Mal wirklich beansprucht. Ein paar Wochen später erfolgen dann auch schon die ersten Stehversuche; das Kind beginnt, sich an den Möbeln hochzuziehen. Bis dann die ersten Schritte kommen, können noch einmal einige Monate vergehen – und plötzlich traben die Kinder dann über den Spielplatz, als hätten sie nie etwas anderes gemacht – als wären sie nicht noch vor ein paar Monaten hilflos auf dem Rücken strampelnde Babys gewesen.

Auf dem Spielplatz begegnen unsere Kleinen nun auch älteren Kindern, die schon mit Roller, Bobbycar oder Laufrad umherflitzen. Nun erwacht das Interesse an den großen Geräten, und der Nachahmungsdrang gibt der Mobilität einen weiteren Schub. Bis so ein Fahrzeug jedoch selbst beherrscht wird, vergeht noch viel Zeit – erst einmal eignen sich ein kippeliges Einrad oder ein Roller bestenfalls dazu, darüber zu stolpern oder sich im Gestänge zu verheddern.

Endlich selber fahren

Das erste richtige Fahrzeug der Kinder ist meist das Bobbycar oder, etwas markenneutraler ausgedrückt, der Rutscher. Er ist kippsicher, und

die Gefahr, dass sich das Kind selbst über die Füße rollt, ist gleich null; also kann man bereits Einjährige hinter das Lenkrad setzen. Doch bei diesen hapert es meist noch mit der Koordination der Beinbewegung. Vielen Kleinkindern fällt es leichter, rückwärts zu fahren, und selbst das ist so mühevoll, dass sie schnell wieder das Interesse am ersten Auto verlieren.
Da ist das Gummipferd zum Hüpfen oft spannender; und auch wenn es nicht wirklich ein Fahrzeug darstellt, kann es doch Balance und Koordination fördern. Manche Kinder erleben den Ritt auf dem Aufblaspferd jedoch als eher beunruhigend – zumal, wenn sie die Erfahrung machen, dass man leicht in alle Richtungen herunterplumpsen kann.
Doch hüten Sie sich an dieser Stelle davor, Ihren Zögling voreilig zu bevormunden. Kinder sind sehr fantasievoll und „bespielen" die Dinge ganz intuitiv gemäß ihrem eigenen Entwicklungsstand und den Impulsen, die ihrer Entwicklung gerade dienlich sind. Lernen und Spaß sind in dieser Entwicklungsphase zwei Seiten der Medaille „Bewegung", ganz anders, als es später im Sport sein mag. Insofern: Wenn es das Kind verzückt, von rechts auf den Rutscher zu klettern, um links herunterzupurzeln, dann ist das vielleicht ein Zeichen dafür, dass das Kind genau das üben will und muss – also los.

Deutlich mehr Zweiradähnlichkeit als Rutschauto und Gummipferd haben kleine Zweispurfahrzeuge mit Lenker, je nach Hersteller mal Pukylino (Puky), mal Smoovy (Kettler) genannt. Als Laufrad mit vier Rädern ermöglichen solche Geräte dem Kind, schon mal die Fähigkeiten einzuüben, die später fürs Laufradfahren nötig sind: sich mit den Füßen abzustoßen und (gleichzeitig) zu lenken, außerdem die Aufmerksamkeit dorthin zu lenken, wo man hinfährt. Beim größeren Wutsch von Puky sorgt die vordere Pendelachse sogar dafür, dass eine gewisse Balancierfähigkeit nötig ist, beziehungsweise dass das Gefährt auch an Türschwellen & Co. eine gute Fahrdynamik und -stabilität aufweist.
Solche Fahrzeuge sind leicht und kompakt, können vom Kind also auch ohne Probleme umgedreht werden, wenn Sofa oder Zimmertür den Vorwärtsdrang einschränken. Schnell sind die Kinder damit nicht unterwegs, dafür aber weitgehend kippsicher – beides wichtige Faktoren für das stress- und angstfreie Herantasten an die Fortbewegung mit technischen Hilfsmitteln.

VERKEHRSLÄRM IN DER WOHNUNG?

Rutschauto und Vierrad sind Indoor-Spielzeuge, und auch das Gummipferd wird man aus Gründen der Hygiene entweder im Wohnzimmer halten oder im Garten. Die kleinen Räder der beiden Fahrzeuge rollen nur gut, wenn der Untergrund fest und eben ist; eine Rasenfläche ist ebenso ungeeignet wie weicher Boden oder gar Sand. Überhaupt besteht einer der Vorzüge solcher Spielgeräte ja darin, dass sie Bewegung ermöglichen, wenn man eben nicht an die frische Luft kann.
Längst gibt es Modelle mit weichen Kunststoffreifen, die kaum Geräusche verursachen. Wenn der Nachwuchs übers Parkett rollt, fragen sich manche Eltern dennoch bang: „Kann ich das meinen Nachbarn zumuten? Können die mich vielleicht sogar verklagen?"
Gerichtliche Auseinandersetzungen über den Geräuschpegel von Kindern sind sicher nicht selten, in vielen Fällen jedoch kann eine frühzeitige Klärung dafür sorgen, dass sich die Fronten nicht verhärten. Wenn es um Ruhestörung oder Lärmbelästigung geht, sind die Gerichte heute überwiegend auf Seiten der Familien. Spielgeräusche müssen ebenso wie Rufen oder Weinen geduldet werden, zumal der naturgegebene Drang von Kindern, zu spielen und sich zu bewegen, höher bewertet wird als das Ruhebedürfnis der Nachbarschaft.

Ein Kinderfahrzeug mit leisen Rädern macht Kinder, Eltern und Nachbarn froh.

Dabei wird zu Recht davon ausgegangen, dass Eltern ihre Kinder nicht wirklich zur Ruhe zwingen können. Dass diese Haltung immer mal wieder als Freibrief zur Rücksichtslosigkeit genutzt wird, liegt wohl in der Natur des Menschen – ebenso wie das unnachgiebige Pochen auf das, was für das eigene Recht gehalten wird, etwa der Anspruch auf absolute Ruhe während der Mittagszeit. Dabei ist von beiden Seiten Kompromissbereitschaft gefragt, will man nicht einem nervenzehrenden Dauerstreit zum Opfer fallen – im ohnehin anstrengenden Alltag mit kleinen Kindern nicht gerade das, wonach man sich sehnt. Das besagte Rutschauto von eins bis halb drei vor die Wohnungstür zu verbannen, ist eine Option, die fürs Kind anfangs sicher schmerzhaft ist, aber langfristig vielleicht die Einsicht fördert, dass man auch mal auf Leute Rücksicht nehmen muss, die gar nicht zu sehen sind. Andersherum bringt solches Entgegenkommen die Nachbarn vielleicht auch dazu, etwas toleranter zu werden. Manche Menschen fühlen sich ihrer Umgebung schutzlos ausgeliefert. Weil sie nicht in der Lage sind, ihre Interessen angemessen zu vertreten, sind bereits kleinste Störungen ein Horror für sie; und wenn sie irgendwann reagieren, dann nicht selten völlig überzogen. Mit solchen Nachbarn rechtzeitig ins Gespräch zu kommen, Rücksicht zu nehmen und gleichzeitig um Verständnis für die eigene Situation zu werben, ist die wohl beste Strategie.

Selbst ist der Papa: Rutscher mit nachgerüsteter Luftbereifung.

Freude am ersten Meter ... Mobilität macht gute Laune.

Und dennoch ist zu sagen: Fallen, anecken und „Kontrollverlust" sind keine Störfaktoren beim Lernen oder gar Gefahren, denen es vorzubeugen gilt. Nein, sie sind Bestandteil des Lernens. Aufgabe der Eltern ist es, einen Raum zu schaffen, der die negativen Konsequenzen gering hält, und Anleitung zu geben, wie Gefahren vermieden werden. Den Blick auf Gefahren zu schärfen, die Wirkungsweise der eigenen Bewegungen zu erleben und das Miteinander von Mensch und Maschine einzustudieren, sollte keinem Kind vorenthalten werden.

Mit der Mobilität ist es so wie mit allen anderen Entwicklungsschritten: Jedes Kind hat seinen eigenen Zeitplan. Im Rahmen der normalen Entwicklung gibt es beim Krabbeln, Stehen und Laufen kein „zu früh" oder „zu spät". Dasselbe gilt für die Kinderfahrzeuge. Wann ein Kind reif ist für ein bestimmtes Mobil, bestimmt es selbst; den Eltern bleibt es überlassen, Angebote zu machen, sie sollten aber nicht enttäuscht sein, wenn diese nicht (sofort) angenommen werden. Geburtstags- oder Weihnachtsgeschenke bleiben gerne erst einmal unbeachtet, wenn der Festtag nicht mit dem aktuellen Entwicklungsstand korreliert. Dann

Oben hui, aber Schuhe gehören auch zur Pflichtausrüstung beim Laufradfahren.

packt man sie eben weg und „schenkt" sie einige Wochen später ein zweites Mal.
Auf Besuch bei Spielkameraden und in gut ausgestatteten Krabbelgruppen kann man sehr gut beobachten, welche Spielgeräte sich das eigene Kind aussucht, und so etwas gegebenenfalls auch anschaffen. Aber auch das ist nicht immer eine sichere Richtschnur – in der Besitzphase will das Kleinkind einen Gegenstand vielfach einfach nur haben, auch wenn es damit nichts Rechtes anzufangen weiß.
Immerhin: Kinderfahrzeuge „auf Vorrat" anzuschaffen, ist keine allzu große Investition. Viele Hersteller versehen ihre Modelle mit Angaben zum durchschnittlichen Einstiegsalter; Eltern können meist ganz gut abschätzen, ob ihr Kind kognitiv und motorisch voraus oder hinterher ist – den richtigen Zeitpunkt zu treffen ist also nicht allzu schwer.

Es geht nach draußen

Das eigene Kind auf dem Laufrad umherflitzen zu sehen, ist für radelnde Eltern ein erhebender Moment. Die irdischen Fesseln abstreifend, gleiten Sohn oder Tochter dahin, beinahe schwerelos; sie legen sich in die Kurve, treiben ihr Gefährt mit kühnem Schwunge an – man sieht, wie es mit einem durchgehen kann in dieser Situation.
Tatsächlich ist das Erlernen der zum Radfahren nötigen Balance ein großer Sprung, doch die Technik erlaubt den Kleinen einen hilfreichen Zwischenschritt. Sind sie nämlich erst einmal in der Lage, das Bein über den Sattel zu schwingen und sich hinzusetzen – etwas, das sie bereits bei Rutschauto und „Wutsch" gelernt haben –, können sie das Laufrad einfach zwischen den Beinen mitführen und eben: laufen. Auf diese Weise überwinden die Kinder recht schnell ihre Scheu vor dem ungewohnt kippeligen Gefährt. Das Abstoßen mit den Füßen haben sie bei den erwähnten Zweispurfahrzeugen ja bereits gelernt; aus beidem ergeben sich schließlich immer längere und sicherere Gleitphasen. Und das ist es dann auch schon.
Beim Laufradfahren sind die Kinder nun erstmals in der Lage, in bisher ungekannte Geschwindigkeitsbereiche vorzudringen. Konnte ein laufendes Kleinkind noch recht einfach eingefangen werden – etwa, wenn es sich vom Spielplatz trollen wollte –, werden die Eltern nun vor eine neue Herausforde-

Mit dem LIKEaBIKE begann die Ära der Lern-Laufräder Mitte der 1990er-Jahre.

rung in Sachen Aufsichtspflicht gestellt. Auf einem umzäunten Spielplatzgelände, einem Schulhof oder im Park kann man dem kindlichen Temporausch ruhig freien Lauf lassen; ist man gemeinsam mit Kind und Laufrad auf dem Bürgersteig unterwegs, sollte man sein Kind nicht zu weit vorausfahren lassen. Auf abschüssigen Wegen ist es besser, das Kind festzuhalten. Eine Bremse am Laufrad vermittelt meist nur trügerische Sicherheit, denn erst ab etwa drei Jahren sind die Kinder überhaupt in der Lage, diese gezielt einzusetzen.

Laufradfahren auf dem Gehweg sollte erst auf Strecken geübt werden, die Eltern und Kindern bekannt sind – der Weg zum Supermarkt etwa oder zur Kita. Hat das Kind sein neues Fahrzeug erst einmal im Griff, wird im Alltag vieles leichter: Mit dem Laufrad erhöht sich der Aktionsradius der Eltern beträchtlich; Spaziergänge in der Freizeit oder Laufwege im Alltag können nun verlängert und/oder schneller zurückgelegt werden. Die Autoren haben diese Entwicklung jeweils sehr genossen und waren gerne bereit, dafür ein wenig mehr Aufmerksamkeit zu investieren.

Laufradtechnik

Zwei unterschiedliche Designs prägen die Laufradszene: Da gibt es die flächigen Modelle aus Schichtholz, die mit ihrem Naturlook viele Eltern ansprechen, und die Stahlmodelle von Kinderfahrzeugherstellern wie Puky, Kettler und vielen anderen, die sich mit ihren auffälligen Farben in typischer Spielzeugoptik präsentieren. Für welche Variante man sich entscheidet, ist erst einmal Geschmacksache; hinter der Optik verbergen sich jedoch auch Funktionsunterschiede.

Beim klassischen Holzlaufrad – bekanntester Hersteller und Wegbereiter ist die Marke LIKEaBIKE – ist der Lenkeinschlag meist stark begrenzt, womit die Kurvenfahrt nur eingeschränkt möglich ist. Dahinter steckt der Gedanke, dass sich bei starkem Lenkeinschlag das Vorderrad quer stellen kann, mit der Folge, dass das Kind stürzt. Eine Lenk-

einschlagsbegrenzung gibt es auch bei manchen Stahlmodellen; Puky dagegen stattet die gesamte Modellpalette mit frei drehbarer Vorderradgabel aus, wodurch sich das Laufrad besser manövrieren lässt. Dass sich das Vorderrad quer stellt, ist ohnehin nur im Stand oder bei geringer Geschwindigkeit möglich; bei schnellerem Tempo wirkt die Richtkraft extremen Lenkbewegungen entgegen. (Die Richtkraft ist die Kraft, die das Vorderrad in der Spur hält. Sie hat weniger mit der Laufradgröße zu tun, als mit dem sogenannten Nachlauf, der Gabelkrümmung und dem Lenkwinkel.) Bei Laufrädern mit Lenkeinschlagsbegrenzung sollte kontrolliert werden, ob sich die Kinder zwischen Rahmen und Lenkung die Finger einklemmen können.

LIKEaBIKE anno 2011 mit Luftbereifung und Spritzschutz hinten.

LAUFRAD

Laufräder werden in der Regel für Kinder ab zwei Jahren angeboten. Die Sitzhöhe (Abstand zwischen dem Boden und der tiefsten Stelle der Satteloberfläche) sollte so bemessen sein, dass sie rund drei Zentimeter geringer ausfällt als die Innenbeinlänge des Kindes. Der Lenker sollte so hoch eingestellt sein, dass das Kind mit geradem Rücken auf dem Laufrad sitzt. Im Außenbereich gefahrene Modelle sollten der besseren Rolleigenschaften wegen über Luftbereifung verfügen; in der Wohnung tun es auch Schaum- oder Vollgummireifen. Kugellager an Rädern und Lenkung erhöhen die Lebensdauer; wichtig sind Prallschützer an den Lenkerenden und ein Schutzpolster am Vorbau; eine Handbremse, die aufs Hinterrad wirkt, macht nur an Modellen Sinn, die von größeren Kindern gefahren werden. Eltern sollten sich in keinem Fall darauf verlassen, dass ihr Kind die Bremse beherrscht, und bei längeren Gefällstrecken vorsichtig sein. Ein Seitenständer hat eher erzieherische Funktion – er lehrt das Kind, sorgsam mit seinem Fahrzeug umzugehen. Größeren Kindern, die über den Bürgersteig rollern, sollte man eine Fahrradklingel spendieren.

GEEIGNET ab 2 Jahren
PREIS ab 40 Euro
TIPP Kaufen Sie das Laufrad, sobald Ihr Kind einige Schritte flüssig gehen kann ... es wird nicht lange unbeachtet bleiben!

Das Laufrad

Rolf Mertens, Erfinder des „LIKEaBIKE“, Firma Kokua Bikes
„Spielerisch macht Ihr Kind die ersten Erfahrungen mit dem Fahren auf zwei Rädern.“

Kokua gilt als Erfinder des modernen Laufrades für Kinder. Wie und wann haben Sie das Laufrad erfunden?
ROLF MERTENS: Wir haben das LIKEaBIKE im Laufe des Jahres 1997 entwickelt. Der ADFC hat immer schon empfohlen, beim Fahrradfahrenlernen die Pedale abzuschrauben. Aber ein herkömmliches Fahrrad ohne Pedale ist für Kinder dieses Alters einfach zu groß und zu schwer. So haben wir für unseren Sohn Niklas ein leichtes Holzlaufrad entwickelt – damals, zur Zeit des Fahrradanhängertreffens, noch Nikkybike genannt –, mit dem er sehr behände umgehen konnte. Das hat uns damals sehr fasziniert und in der Öffentlichkeit für entsprechendes Aufsehen gesorgt.

Kann man sagen, dass Stützräder das Lernen eher behindern?
ROLF MERTENS: Ja, klar kann man das. Stützräder sind absolut überflüssig und sogar gefährlich. Das ist kein Fahrrad mehr, sondern eher ein sehr kippeliges Dreirad. Die Fahrdynamik hat überhaupt nichts mehr mit Fahrradfahren zu tun.

Wie verhielten sich die Experten Ihrer Erfindung gegenüber?
ROLF MERTENS: Viele engagierte Fahrradhändler und fahrradbegeisterte Eltern standen dem Produkt offen und fasziniert gegenüber. Andere haben überhaupt nicht erkannt, was es für die Kinder bedeutet. Erst als interessierte Kunden im Geschäft standen, wurden sie darauf aufmerksam. Dies war zumeist in der Spielzeugbranche der Fall. Die Expertenmeinung war und ist durchweg positiv.

Roller, Dreirad, Laufrad, Fahrrad – da kommt ein stattlicher Fuhrpark und auch einiges an Kosten zusammen. Was empfehlen Sie Eltern mit schmalem Budget?
ROLF MERTENS: Für die ganz Kleinen vielleicht ein Bobbycar, ansonsten ist nur ein Laufrad wichtig, dann das Fahrrad.

Worauf muss ich beim Laufradkauf achten?
ROLF MERTENS: Prinzipiell empfehlen wir den Kauf von Originalprodukten. Geringes Gewicht ist wichtig, einen Lenkungsdämpfer sollte es haben, Bremsen sind überflüssig bis gefährlich. Zweijährige können damit nicht umgehen.

Welche Tipps haben Sie für die ersten Meter mit dem Laufrad?
ROLF MERTENS: Lassen Sie Ihr Kind einfach damit spielen. Es braucht keine Ratschläge. Es wird alleine zurechtkommen. Hier kurz aus unserem ersten Prospekt von 1997 zitiert: „Spielerisch macht Ihr Kind die ersten Erfahrungen mit dem Fahren auf zwei Rädern. Bei seinen ersten Fahrversuchen spielt es mit dem LIKEaBIKE ähnlich wie mit einem Steckenpferd. Schon bald macht es Bekanntschaft mit dem Sattel und läuft nun vorsichtig darauf sitzend vorwärts. Das Kind wird zusehends sicherer und stößt sich mutig mit den Beinen ab, um Fahrt zu gewinnen. Droht das Laufrad zu kippen, kann das Kind jederzeit durch Bodenkontakt die Sicherheit zurückgewinnen. Ermuntert durch diese Erfolgserlebnisse, wird es schon in wenigen Tagen das Laufrad routiniert und sicher beherrschen. Das Wichtigste bei diesen ersten Fahrversuchen jedoch ist: Von Anfang an hat das Kind das Gefühl, schon richtig ‚selbst‘ fahren zu können.“

Fast wie bei den Erwachsenen: Alurahmen und Heck-Federung

Mangel ist aller Mobilität Anfang: Wenn das Kind ein Ziel hat, macht es sich gern auf den Weg.

Große Unterschiede gibt es bei der Bereifung. Manche Anbieter statten ihre Laufräder mit schmalen Vollgummiringen aus, die allerdings kaum Stoßdämpfung bieten und aufgrund der geringen Breite zum Wegrutschen neigen. Einsteiger-Laufräder, die eher für den Innenbereich bestimmt sind, werden häufig mit Schaumreifen ausgestattet; für Modelle, die draußen genutzt werden, ist dagegen eine Luftbereifung wie am Fahrrad sinnvoll. Luftreifen rollen besser, dämpfen Fahrbahnstöße und sorgen für einen sicheren Halt auf jedem Untergrund.
Im Sinne einer langen Nutzungsdauer sollte man bei Kauf auf Kugellager an Rädern und Lenkung achten; auch bei teuren Modellen weit jenseits der 100-Euro-Marke sind zum Teil einfache Gleitlager verbaut. Varianten mit haltbaren Messingbuchsen gehen in Ordnung, von Billig-Laufrädern mit einfachen Kunststoffgleitlagern sollte man jedoch die Finger lassen. Ohnehin sollte ein Laufrad ebenso wie ein Kinderfahrrad im Fahrradfachhandel gekauft werden – allein schon wegen der fachmännischen Beratung. Angst vor gepfefferten Preisen muss man dort nicht haben: So liegt ein qualitativ hochwertiges Einsteigermodell der Markenhersteller bei gerade einmal 60 Euro. Mit etwas Pflege hält so ein Laufrad mehrere Kindergenerationen aus, und am Ende bekommt man auf dem Flohmarkt für den „Bock" noch immer 15 bis 20 Euro ...
Auch Kinder, die längst Radfahren gelernt haben, sind oft noch lange mit dem wendigen Laufrad unterwegs – einfach, weil es Spaß macht. Für sie bieten die Hersteller extragroße Modelle an, was Eltern auf die Idee bringen könnte, sofort mit einem XL-Laufrad einzusteigen – sozusagen auf Vorrat. Das ist keine gute Idee. Sicher Laufrad fahren können Kinder nur, wenn der Sitz niedrig genug angebracht ist. Konkret bedeutet das: Das Kind muss bei leicht gebeugten Beinen mit beiden Füßen fest auf dem Boden stehen. In Zahlen ausgedrückt, entspricht die Sitzhöhe (also der Abstand zwischen Boden und Satteloberfläche) der Innenbeinlänge abzüglich zwei Zentimeter. Sitzt das Kind zu hoch, hat es nicht nur Schwierigkeiten, sich abzustoßen, es kann auch nicht gut bremsen – denn auch die Tempoverringerung wird mit den Füßen durchgeführt.

RUTSCHER/RUTSCHAUTO

Bei Rutscher und Rutschauto kommt es vor allem auf Kippsicherheit an. Diese Fahrzeuge können bereits von Einjährigen bewegt werden, entsprechend niedrig muss die Sitzhöhe ausfallen. Die runden Formen des Rutschautos verhindern, dass sich das Kind beim Auf- und Absteigen beziehungsweise Herunterpurzeln stoßen kann. Beim Rutscher gehören Sicherheitslenkergriffe zur Pflichtausstattung; ein Polster am Vorbau ist aufgrund der geringen Geschwindigkeiten auf diesem Fahrzeug nicht notwendig. Um empfindliche Böden und die Nerven der Nachbarn zu schonen, sollten in der Wohnung eingesetzte Fahrzeuge über weiche Schaum- oder Gummireifen verfügen.

GEEIGNET ab 1 Jahr
PREIS ab 30 Euro
TIPP Kaufen Sie in jedem Fall ein Modell mit „Flüsterrädern". Nachrüsten ist wenig sinnvoll, weil zeit- und kostenaufwendig.

Bei manchen Holzlaufrädern lässt sich die Sitzhöhe nur in Stufen verstellen, die Lenkerhöhe gar nicht; bei hochwertigen Stahlmodellen lassen sich Lenker und Sattel konstruktionsbedingt stufenlos verstellen. Der Wechsel auf ein größeres Modell kann natürlich dennoch nötig sein.
Eltern sollten Kindern diesen Rückgriff auf das Laufrad stets zugestehen, selbst wenn das Kind schon vermeintlich sicher auf dem Fahrrad unterwegs ist. Der Hintergrund: Auch wenn das Kind bereits sicher radelt, ist dies kognitiv sehr anstrengend. Während des Spielens steigt das Kind dann quasi zur Erholung auf das Laufrad zurück; hier kann sich das Gehirn ausruhen und die neuen Eindrücke verarbeiten, und dennoch ist das Kind in Bewegung. Sie werden sehen – nach fünf Minuten steigt der Dreikäsehoch wieder aufs Rad, und weiter geht's mit dem Lernen!
Stürze mit dem Laufrad sind nicht zu vermeiden und in der Regel harmlos. Damit das so ist, kommt der Sicherheitsausstattung des Laufrades eine große Bedeutung zu: Die Lenkerenden sollten mit Prallschützern versehen sein, die Verletzungen durch das scharfkantige Lenkrohr vorbeugen und außerdem verhindern, dass die Hand vom Lenker abrutscht oder zwischen dem Lenker und einem Gegenstand eingeklemmt wird. Am Lenkervorbau sollte ein Prallschützer angebracht sein.
Spätestens, wenn die Kleinen anfangen, auf dem Laufrad über den Spielplatz zu flitzen, kommen Mama und Papa aufs Thema Fahrradhelm zu sprechen. Ganz klar – ein Fahrradhelm kann schwere Verletzungen verhindern, beim Laufrad- oder Fahrradfahren sollte er also durchaus angelegt werden. Zu glauben, ein Helm könnte Unfälle verhüten, ist jedoch ein Irrtum; der Kopfschutz entbindet Eltern auch nicht von der Pflicht, ihren Nachwuchs zu umsichtigem Verhalten zu erziehen – etwas, das bei Kleinkindern freilich noch nicht funktioniert. Panikmache ist allerdings kontraproduktiv. Sofort Alarm zu schlagen, wenn das Kind mal ohne Helm über den Spielplatz rollt, ist ebenso falsch wie permanente angstvolle Hilfestellung auf dem Klettergerüst. So lernen Kinder höchstens, dass Mobilität auf dem Zweirad gefährlich ist, und nicht, ihr Fahrzeug verantwortungsvoll zu beherrschen.

Fliegender Wechsel zwischen den Verkehrsmitteln. Bei Erwachsenen nennt sich das dann „Modalmix".

Wer früh öfter in den Sandkasten fährt, landet später seltener im Kiesbett.

Stets aktuell: Dreirad und Roller

Die wichtigste zum Radfahren nötige Fähigkeit, nämlich die Balance zu halten, wird heute auf dem Laufrad eingeübt. Wozu also noch Dreirad fahren? An dieser Stelle sollte nicht vergessen werden, dass Mobilität im Kleinkindalter in erster Linie dem Spiel und dem Spaß an der Bewegung dient. Ein Dreijähriger auf dem Laufrad denkt nicht daran, dass er sich bereits jetzt aufs Fahrradfahren vorbereitet – das reine Tun ist das, worum es geht. Und ebenso ist es mit dem Dreiradfahren – vielen Kindern macht es Spaß, damit über den Spielplatz zu kurbeln, zumal es spannend sein kann, das Dreirad in der Kurve an die Grenzen der Fahrphysik zu bringen. Für viele Kinder sind Dreiräder eher Spielgeräte als Fortbewegungsmittel: Modelle mit Kippmulde etwa werden beim Spiel im Sand zum Baufahrzeug. Und dass sich die Kinder an die Tretbewegung gewöhnen, ist auch ein Plus.

Dreiräder haben aber noch einen anderen Vorteil: Als Schnittstelle zwischen aktiver und passiver Mobilität erleichtern sie Eltern und Kind das Zurücklegen von Wegen im Alltag. Überall dort, wo es für den Nachwuchs im Kinderwagen zu langweilig ist, das Fahren auf dem Laufrad für die Eltern jedoch nicht infrage kommt, bietet sich ein Dreirad mit Schiebestange als Kompromiss an. Ein neuartiges Modell von Puky schließt mit hoher Rückenlehne und Sicherheitsgurt, vollwertigem Schiebebügel inklusive Tasche sowie großem Transportfach die Lücke zum Buggy und sorgt mit seinem hohen Spaßfaktor für gute Stimmung auf der Einkaufstour. Der Hersteller will damit die Lücke zwischen passiver und aktiver Kindermobilität flexibel schließen. Klingt abstrakt, ist aber bei jungen Familien Alltag: Mal fährt das Kind ein paar Meter, dann will es chauffiert werden ... Solche neuen Fahrzeuge könnten da ein guter Kompromiss sein. Leider fehlen bisher praktische Erfahrungen, da diese Modelle noch nicht erhältlich sind.

Ein Kinderfahrzeug, das durch den Siegeszug des Laufrades etwas ins Hintertreffen geraten ist, ist der gute alte Roller. Das ist verblüffend, kamen klappbare Aluminiumroller für Erwachsene und Jugendliche doch gleichzeitig schwer in Mode. Die Verhältnisse haben sich jedoch wieder normalisiert: Längst sieht man wieder überwiegend Kinder durch die Gegend rollern.

Wie das Laufrad, schult auch der Roller den Gleichgewichtssinn; anders als Laufräder sind Roller jedoch

DREIRAD

Dreiräder sind mit ihrer breiten Spur meist kippsicher konstruiert. Sie erlauben keine hohen Geschwindigkeiten; Modelle mit Freilauf (Kind muss nicht permanent mittreten) sollten allerdings über eine Bremse für die Hinterräder verfügen, die per Hebeldruck aktiviert wird. Nicht unbedingt nötig ist so eine Bremse an Modellen, bei denen die Kurbeln fest mit dem Vorderrad verbunden sind. Optimal ist ein arretierbarer Freilauf. So können die Kinder auch rückwärtsfahren und die Eltern können sicherstellen, dass ihr Kind auf abschüssigem Untergrund nicht davonrollt. Der Sitz sollte längsverstellbar sein, Prallschützer und Lenkerpolster sind wie immer Pflicht. Am Übergang zwischen aktiver und passiver Mobilität macht das Konzept des Dreirads nur mit Schiebestange richtig Sinn. Praktisch sind die leicht montierbaren Fußstützen, die dem Kind bei längeren Schiebepassagen mehr Komfort bieten.

GEEIGNET ab 2 Jahren
PREIS ab 50 Euro
TIPP Dreiräder machen den Kindern ab dem ersten Meter Spaß; damit die Eltern auch Freude daran haben und der Rücken geschont wird, ist eine Schiebestange „Pflicht".

ROLLER

Roller für Kinder ab zwei Jahren verfügen häufig über zwei Hinterräder und erleichtern dem Kind das Balancieren. Größere Modelle mit Luftbereifung, auf denen die Kinder schneller unterwegs sind, sollten mit einer Fußbremse ausgestattet sein; große Roller für Kinder ab vier bis fünf Jahren kommen mit einer Felgenbremse, teilweise sogar einer zweiten fürs Vorderrad. Wichtig sind in jedem Fall ein rutschfestes Trittbrett, Schutzpolster und Prallschützer an den Lenkergriffen. Praktisch ist ein kleiner Gepäckträger mit Gummizug zur Mitnahme von Spielsachen und Stofftieren oder zum Draufsetzen. Roller, die von größeren Kindern im Alltag eingesetzt werden, sollten mit einer Klingel ausgestattet sein.

GEEIGNET ab 2 Jahren
PREIS ab 50 Euro

TIPP Bringen Sie den Fuhrpark Ihrer Kinder in eine sinnvolle Reihenfolge. Den Roller einfach spontan als „Lückenfüller" kaufen, etwa wenn das Dreirad „out" und ein Laufrad noch nicht „drin" ist. Noch besser: von Oma schenken lassen. Die hat sicher eigene Erinnerungen, die sie ihrem Enkel auch gönnen wird!

deutlich mehr als eine Vorstufe zum Radfahren. Ältere Kinder nutzen Roller als Fortbewegungsmittel im Nahbereich, auch wenn sie längst Rad fahren können – die Eltern freut's, denn so bleibt der Nachwuchs auf dem Gehweg. Gerade in der Tatsache, dass ein Roller vergleichsweise schwierig zu fahren ist, liegt sein Reiz. Die kleinen Räder und der hohe Schwerpunkt machen die Fahrt zum ständigen Balanceakt und das Lenkverhalten ist nervös, gleichzeitig erlaubt kraftvolles Abstoßen höheres Tempo als auf dem Laufrad.
Neben den größeren Modellen, die meist mit einer aufs hintere Rad wirkenden Fußbremse ausgerüstet sind, werden Exemplare mit zwei Hinterrädern und schmaler Spur angeboten, auf denen bereits Zweijährige erste Roll-Erfahrungen sammeln können.
Einfache Geräte aus Holz mit dünnen Vollgummireifen gibt es bereits für 20 Euro; für hochwertige Modelle gelten die zu Laufrädern gemachten Ausführungen.

Anständige Qualität vorausgesetzt, sind sämtliche Fahrzeuge der Frühmobilität ziemlich robust. Es gibt keine empfindliche Technik, die kaputtgehen kann, allerdings sollten auch aus pulverbeschichtetem Stahlrohr gefertigte Laufräder, Roller und Dreiräder nicht dauerhaft draußen geparkt werden. Regen setzt den Bauteilen und auch den gepulverten Rahmen auf Dauer zu; an unlackierten Stahlteilen drohen außerdem Korrosionsschäden, auch wenn sie hinter schützenden Kunststoffkappen verborgen sind. Wer draußen parken muss, der sollte die Fahrzeugflotte regelmäßig mit Multifunktionsöl oder Korrosionsschutz einsprühen. Holzfahrzeuge können aufquellen und reißen, wenn sie ständiger Nässe ausgesetzt sind. Wie gut, dass all diese Gefährte so klein sind – anders als Fahrrad und Trailer lassen sie sich leicht in den Keller tragen. Nach Möglichkeit vom Besitzer selbst, denn ein Fahrzeug sein eigen zu nennen, bedeutet auch, Verantwortung für dessen Zustand zu zeigen. Wer im Haus keinen Parkplatz hat, der muss kreativ werden. Beispielsweise kann der Roller auch im Familienauto übernachten.

Roller passen zu jedem Lebensalter ... aufs Styling und Fahrverhalten kommt es an.

JETZT GEHT ES RICHTIG LOS

Radfahren lernen

PUKY

Ein paar Verkehrsleitkegel machen einen perfekten Übungsplatz! Richtig: Vor dem Kind fahren, damit es Eltern und Straße im Blick hat und sich nicht dazwischen entscheiden muss.

Manche Wissenschaftler meinen, in der Mobilitätsentwicklung des Kindes vom Krabbeln bis zum aufrechten Gang vollziehe sich die Evolution des Menschen im Schnelldurchlauf. Etwas Ähnliches lässt sich über den Umstieg vom Laufrad aufs Fahrrad sagen – hier spielt das Kind sozusagen die Entwicklung des vom Menschen angetriebenen Zweirades nach, von Drais' Laufmaschine aus dem Jahre 1817 bis zum modernen Fahrrad. Und während die Menschen des ausgehenden 19. Jahrhunderts den Zwischenschritt des Hochrades einlegten, setzt sich das Kind nebenher auf das wie genau jenes Fahrzeug angetriebene Dreirad.

Für ein Kind, das bereits einige Jahre Laufraderfahrung aufweisen kann und sich per Dreirad an die Tretbewegung gewöhnen konnte, ist das Radfahren eigentlich keine allzu große Sache mehr. Das Wichtigste hat es bereits gelernt: Kippt das Einspurfahrzeug zur Seite, muss eine Lenkbewegung in die gleiche Richtung eingeleitet werden; dann sorgt die Fliehkraft dafür, dass sich das Rad in die Gegenrichtung aufrichtet – und wiederum zu kippen droht. Fahrrad oder Laufrad fahren ist im Grunde ein beständiger Wechsel von Rechts- und Linkskurven, und genau so eine Schlangenlinie ist bei kleinen Radlern noch gut sichtbar. Mit der Zeit werden die Ausgleichsbewegungen jedoch immer subtiler, bis die Kinder in der Lage sind, einen geraden Strich auf den Asphalt zu zaubern. Abgesehen von den gewachsenen Fahrkünsten kommt dieser auch dadurch zustande, dass die Kreiselkräfte der Räder bei höheren Geschwindigkeiten die Fahrt stabilisieren – die Grundvoraussetzung für freihändiges Fahren.

Wann es so weit ist

Kinder, die in einer Familie von Radfahrern aufwachsen, haben naturgemäß ein größeres Interesse daran, selbst Fahrrad zu fahren, als solche, die immer nur mit dem Auto herumkutschiert werden – in beiden Fällen wirkt sich die Vorbildfunktion der Eltern aus. Manchmal fahren bereits Dreijährige nach kurzer Laufradzeit auf dem Fahrrad, manche Kinder sind bereits sechs, wenn sie aufs Rad steigen – sehr zur Freude mancher Verkehrsexperten, die einen möglichst späten Einstieg ins Fahrradleben emp-

Kinder lernen Rad fahren II

Martin Kröger, Bereichsleiter Spiel und Kind bei Kettler

Kaufen Eltern der „Generation Laufrad", also jener Kinder, die vor dem ersten Fahrrad bereits ein Laufrad fahren konnten, Kinderräder nach anderen Kriterien?
MARTIN KRÖGER: Die Kinder der Generation Laufrad haben bereits ein gut ausgeprägtes Balancegefühl, sodass sie häufig schon direkt auf ein Kinderrad ohne Stützräder umsteigen können oder diese nur für kurze Zeit verwenden müssen. Die Art des Kinderrads ist nicht davon betroffen; es geht lediglich um die Frage, ob Stützräder verwendet werden und wenn ja, wie lange.

Bringt die Generation Laufrad andere Voraussetzungen zum Radfahrenlernen mir? Wenn ja, welche?
MARTIN KRÖGER: Durch die Benutzung eines Laufrads werden beim Kind schon sehr früh die koordinativen und motorischen Fähigkeiten geschult. In der Regel können Kinder schon ab zwei Jahren mit dem Laufradfahren beginnen. Der Gleichgewichtssinn als wesentliche Voraussetzung für das Radfahren ist dann später deutlich besser ausgeprägt.

Welche Tipps geben Sie Eltern der Generation Laufrad?
MARTIN KRÖGER: Das Laufrad selbst sollte einen höhenverstellbaren Sattel haben, damit die optimale Sitzhöhe immer sichergestellt ist – vor allem, weil Kinder in diesem Alter sehr schnell wachsen. Generell sollten Eltern auf sicherheitsgeprüfte Qualitätsprodukte zurückgreifen, die zum Beispiel TÜV/GS-zertifiziert sind.

Roller oder Laufrad – welche Empfehlung geben Sie den Eltern?
MARTIN KRÖGER: Roller und Laufrad schließen sich nicht gegenseitig aus: Beide schulen das Gleichgewicht und fördern den natürlichen Bewegungsdrang von Kindern. Obwohl das Laufradfahren dem späteren Radfahren äußerlich ähnlicher ist, fördern auch Roller die notwendige Motorik und Koordination. Bei Kinderrollern ist die Stabilität häufig durch eine Hinterradachse mit zwei Rädern zum leichten Gleichgewichthalten sichergestellt. Also: Roller und Laufrad.

Welches Zubehör braucht man zum ersten Fahrrad? Und welches Zubehör sollte man auf keinen Fall montieren?
MARTIN KRÖGER: Das Wichtigste ist ein guter Helm. Es empfiehlt sich weiterhin ein Lenkerpolster als zusätzlicher Schutz bei Stürzen. Alle Zubehörteile, die scharfkantig sind oder an denen sich das Kind verletzen kann, sollten vermieden werden.

Bei Kinderrollern ist die Stabilität häufig durch eine Hinterradachse mit zwei Rädern zum leichten Gleichgewichthalten sichergestellt. Also: Roller und Laufrad.

Radpflege ist kinderleicht und sollte deshalb frühzeitig mit dem Nachwuchs zusammen erfolgen.

fehlen. Neben dem Alter spielt im Übrigen auch die Körpergröße eine Rolle: Diese sollte mindestens einen Meter betragen, damit die biomechanischen Voraussetzungen stimmen. Doch letztlich bestimmt das Kind selbst, wann es Radfahren lernen will. Übertriebener Ehrgeiz ist hier ebenso fehl am Platz wie zu große Vorsicht.

Wenn das Kind also den ernsten Wunsch erkennen lässt, aufs Rad zu steigen, kann's losgehen. Zuerst muss natürlich ein passendes Fahrrad aufgetrieben werden. Das kann ein Neurad sein (vielleicht steht seit dem letzten Geburtstag ja schon eins im Kinderzimmer) oder das Rad eines Nachbarskindes, bei dem es auf den einen oder anderen Kratzer mehr nicht mehr ankommt.

Besonders wichtig vor dem Start ist natürlich die Größeneinstellung. Auf dem Fahrrad muss das Kind etwas höher sitzen als auf dem Laufrad, da der Kniewinkel sonst beim Treten zu eng wird. Es ist meist nicht nötig, im Stand mit beiden Füßen flach auf den Boden zu kommen; Bodenkontakt mit den Fußballen reicht. Fühlt sich das Kind damit unsicher, sollte man den Sattel jedoch etwas tiefer stellen. Der Lenker sollte so positioniert sein, dass das Kind aufrecht sitzen kann. Wichtig sind Prallschützer an den Lenkerenden und am Vorbau, ein geschlossener Kettenkasten und natürlich funktionierende Bremsen, auch wenn das lernende Kind diese vielleicht erst einmal gar nicht einsetzt. Und natürlich gehört spätestens jetzt ein Fahrradhelm auf den Kinderkopf. Sonstige Schutzkleidung ist nicht nötig – allenfalls Fahrradhandschuhe, die bei einem Sturz die Handflächen schützen, aber keine Knie- und Ellbogenschützer, die letztlich nur ein Gefühl der Gefahr vermitteln und die Bewegungsfreiheit einschränken. Allerdings sollte das Kind eine lange Hose tragen, und die besten Schuhe sollten es besser nicht sein, denn diese erfüllen anfangs wie beim Einradfahren eine Bremsfunktion.

So klappt's am besten

Ein autofreier Supermarktparkplatz, eine Freifläche in der Siedlung, breite Asphaltwege im Park – das sind die optimalen Lernorte fürs Fahrradfahren. Aus Angst vor Stürzen auf eine Rasenfläche auszuweichen, macht keinen Sinn; dort ist zum Vorankommen ein so großer Kraftaufwand nötig, dass die für eine sichere Fahrt nötige Geschwindigkeit nicht aufgebaut werden kann.

Um das Kind ans Fahrrad zu gewöhnen, montieren manche Eltern erst einmal die Pedale ab. Dann

Der „Karnickelgriff" hilft sowohl beim Fahrenlernen wie auch am Berg ...

benutzt der Fahrschüler das Bike wie ein Laufrad und übt erst einmal, mit Lenkverhalten und Sitzposition klarzukommen. Bei Kindern, die bereits vom Dreirad oder Gokart her das Pedalieren gelernt haben, ist dieser Zwischenschritt meist überflüssig.

Es gibt verschiedene Techniken, um das Kind auf den Weg zu bringen. Der Klassiker funktioniert wie folgt: Papa oder Mama schieben das Kind an, laufen hinterher und halten das Rad am Sattel fest, um die Fahrt zu stabilisieren – und lassen irgendwann los. Das ist tausendfach bewährt, hat aber einen großen Nachteil: Stürzt das Kind, fühlt es sich von den Eltern im Stich gelassen – diese haben ja schließlich die Verantwortung übernommen. So etwas kann zu Verunsicherung und Vertrauensverlust führen und den weiteren Lernprozess erschweren.

Also Variante Nummer zwei: der „Karnickelgriff". Die Lehrperson hält das Kind am Jackenkragen fest und stabilisiert es. So kann sich das Kind erst einmal darauf konzentrieren, in die Pedale zu treten. Auf diese Weise kann man durchaus etwas länger neben dem Kind herlaufen, bis die Tretbewegung einigermaßen sitzt und es mit dem Geradeausfahren klappt. Auch hier ist es nicht klug, plötzlich loszulassen – womöglich erschrickt das Kind, verreißt den Lenker und stürzt. Alternativ zum Nackengriff kann man an die Sattelstütze des Kinderrades eine Haltestange montieren, die von einigen Herstellern angeboten wird. So können Eltern ihr Kind bequem von hinten führen.

Wenn das klappt, kommt der entscheidende Schritt: das selbstständige Radeln. Damit es gelingt, muss sich das Kind wie beim Laufradfahren mit den Füßen abstoßen, bis es so schnell rollt, dass es die Füße auf die Pedale setzen kann. Das Treten haben wir ja schon vorhin geübt; die Chance, dass es nun funktioniert, ist also recht groß.

In dieser Phase ist es eher hinderlich, wenn die Eltern nebenherlaufen. Besser ist es, das Kind auf einen zufahren zu lassen; so richtet der kleine Radler seine Aufmerksamkeit automatisch nach vorne. Kippt das Kind um, kann man es eh nicht halten.

Überhaupt: Stürze gehören zum Radfahren dazu. Zu lernen, Risiken zu vermeiden, bedeutet auch, sich Risiken auszusetzen. Der kindliche Crash sollte

Was hier recht brachial aussieht, ist im Kindesalter eine wichtige Übung: Lustvolles Vollbremsen trainiert die Fahrzeugkontrolle. Spendieren Sie einen Reifen für diese Fertigkeit.

weder bagatellisiert noch hochgespielt werden; tröstende Worte und ein buntes Pflaster, falls etwas aufgeschürft ist, sind die richtige Reaktion. Kinder, die sich nach einem Sturz erst einmal nicht mehr aufs Fahrrad trauen, sollten ermutigt werden, es noch einmal zu versuchen – aber bitte ohne Druck. Ein Gedankengang für sorgenvolle Eltern: Je früher und solider ein Kind Radfahren lernt, desto sicherer ist es später unterwegs. Je früher ein Kind stürzt, desto eher hat es die Erfahrung gemacht, dass nicht immer alles funktioniert. Und ist ein kleines Kind unterwegs, sind die Geschwindigkeit, die Fallhöhe und die Entfernung zu den Eltern gering. Allesamt Faktoren, die die Konsequenzen eines Sturzes harmloser ausfallen lassen. Lernt das Kind das Radfahren erst viel später, ist es körperlich stärker und damit schneller, die Fallhöhe ist größer und auch die „Home range", der autarke Aktionsradius des Kindes, hat sich bereits dramatisch ausgeweitet – allesamt Faktoren, die Unfallfolgen schwerwiegender machen. Also: Je mehr ich mich um das Wohl meines Kindes sorge, desto früher sollte ich ihm die Chance geben, eigene Mobilität zu erproben.

Wenn das Kind nach zwei, drei missglückten Versuchen genug hat und etwas anderes machen will: kein Problem! Dann wird der Einstieg ins Radlerleben eben auf einen anderen Tag verschoben. Und bitte keine Schuldgefühl-Techniken à la „Jetzt hat Papa doch extra auf seinen Sport verzichtet" oder „Dabei haben wir dir doch so ein schönes Fahrrad gekauft" – das sorgt wie überall im Leben auch hier für schlechte Stimmung und ist bestimmt nicht hilfreich, um den Nachwuchs zum Radfahren zu animieren.

Zurück auf die Piste: Hat der Nachwuchs gelernt, sicher geradeaus zu fahren, ist auch schon das Bremsen dran. Das hat so seine Tücken: Um den Rücktritt richtig einzusetzen, muss das Kind in der Lage sein, im richtigen Moment mit dem Treten aufzuhören – nämlich, wenn die Pedale waagerecht stehen. Das kann bedeuten, in einer Situation, die schnelles Bremsen erfordert, noch ein kleines Stück weiterzutreten, was auch ältere Kinder überfordern kann. Mit senkrecht stehenden Kurbeln versuchen sie dann, nach hinten zu treten, was natürlich überhaupt nichts bringt. Ans erste Fahrrad gehört also auch eine Handbremse, die aufs Vorderrad wirkt. Diese muss einen speziellen Kinderbremsgriff aufweisen, der mit kleinen Händen bedient werden kann.

Plädoyer: ein Reifen für die Sicherheit

Die Bremsen bedienen zu lernen, nimmt einige Zeit in Anspruch – und auch das Material. Haben sie das Prinzip der Rücktrittbremse erst einmal verstanden, machen sich Kinder einen Spaß daraus, mit blockierendem Reifen schwarze Spuren auf den Asphalt zu malen – je länger, desto besser. Hier sollten Eltern nicht mit dem Hinweis auf den teuren Reifen einschreiten. Der erste Pneu geht auf die Sicherheit! Und wenn es sein muss, auch der zweite, denn die Blockierversuche gehören einfach dazu, will man lernen, seine Kraft richtig einzusetzen und die Bremse so zu dosieren, dass sie die optimale Wirkung bringt. In jeder Situation sicher bremsen zu können ist mehr wert als jeder Reifen – bleiben Sie also locker und lassen Sie Ihrem Kind dieses lehrreiche Vergnügen.

Und wie ist es mit der Vorderradbremse? Bis diese einigermaßen beherrscht wird, ist oft der eine oder andere Sturz nötig, vor allem, wenn der kleine Radler auf den sandigen Asphaltflächen rund um den Spielplatz radelt. Dass das Vorderrad auf lockerem Untergrund zum Wegrutschen neigt, ist eine Lektion, die besser in diesem Schutzraum gelernt und verinnerlicht wird als irgendwann später im Straßenverkehr.

Ein Kind, das ein Rad zu fahren lernt, verdient großes Lob – eines, das sich damit schwertut, aber keinen Tadel. Genau wie das Schwimmen muss das Radfahren angstfrei und in einem sicheren Umfeld gelernt werden; Kinder müssen erleben dürfen, dass sie sich selbstständig neue Fähigkeiten aneignen können, ohne dabei ganz auf sich selbst gestellt zu sein. Diese Erfahrung, beim großen Schritt des Radfahrenlernens gemacht, wird sie ihr ganzes Leben lang begleiten.

Kinder, die gerade Rad fahren gelernt haben, legen zuweilen eine überraschende Abenteuerlust auf zwei Rädern an den Tag. Da werden steile Böschungen angefahren oder Treppenstufen genommen, dass den Eltern glatt das Herz stehen bleibt. Solange all dies auf dem Spielplatz stattfindet oder in sonst einer sicheren Umgebung, sollte solches Tun gelassen hingenommen, wenn nicht gar mit kleinen Fahrradspielen aktiv unterstützt werden. Denn all diese Experimente dienen der Radbeherrschung und machen die kleinen Fahrer sicherer. Sinnvolle Übungen, die die Kinder nach kurzer Einweisung selbstständig durchführen können, sind etwa das „Schneckenrennen" – gewonnen hat, wer eine gegebene Strecke am langsamsten zurücklegt, ohne die Füße abzusetzen – oder das Überwinden von Hindernissen, etwa Ästen, die man quer über den Weg legt. Letzteres bereitet etwa auf das diffizile Bewältigen von Bordsteinkanten vor; Ersteres trainiert die Fähigkeit, bei langsamer Fahrt das Gleichgewicht zu halten. Das kann später beispielsweise an der Ampel sehr hilfreich sein.

Was bringen Stützräder?

Wer heute erwachsen ist, ist als Kind meist eine Zeit lang mit Stützrädern gefahren. In unserer Erinnerung haben Stützräder also irgendetwas mit Radfahrenlernen zu tun; da liegt der Gedanke nahe, auch unsere Kinder mit Stützrädern loszuschicken. Daran, dass Stützräder beim Erlernen des Radfahrens eher hinderlich als nützlich sind, erinnern wir uns freilich nicht. Hier also eine kleine Auffrischung: Das Schwierigste am Radfahren ist, das einspurige Fahrzeug in der Aufrechten zu halten. Das hat erst einmal nichts mit Balance zu tun, sondern damit, dem seitlichen Kippen mit einem Lenkeinschlag und einer Gewichtsverlagerung zu begegnen – und das permanent im Wechsel nach beiden Seiten. Kippt das Rad nach links, ist ein Lenkeinschlag und eine Gewichtsverlagerung nach links nötig, damit die Fliehkraft Rad und Fahrer wieder nach rechts aufrichtet.

Beim Fahren mit Stützrädern passiert jedoch genau das Gegenteil. Das Kind fährt mit leichter Neigung zu einer Seite dahin; irgendwann richtet sich das Fahrrad zufällig auf und kippt zur anderen Seite. Das Kind erschrickt und führt eine Ausgleichsbewegung in die Gegenrichtung aus – also genau andersherum als beim Radfahren. Ist dieser Bewegungsablauf erst einmal abgespeichert, wird es dem Kind deutlich schwerer fallen, das Radfahren zu lernen, denn instinktiv tut es das Gegenteil dessen, was zur Aufrechterhaltung des Gleichgewichts notwendig ist. Ein Kind, das mit Stützrädern unterwegs ist, wird zudem glauben, es könne schon Fahrrad fahren – und dann ist der Praxisschock umso größer, ebenso die Enttäuschung, wenn das richtige Radfahren so schwer zu erlernen ist.

Stützräder können außerdem geradezu gefährlich sein. Wenn das belastete Stützrad plötzlich keinen

So klappt es am besten: Mit dem Kind zum Fahrradladen – oder Umtauschmöglichkeit vereinbaren.

Bodenkontakt mehr hat, kippt das Kind schlagartig zur Seite weg – etwa, wenn es zu nah am Bordstein entlangfährt.

Das Fazit ist eindeutig: Stützräder vermitteln eine trügerische Sicherheit und erschweren das Erlernen des Radelns; viele Fachleute raten Eltern daher von ihrer Benutzung ab. Und lassen Sie sich bitte nicht davon aus dem Konzept bringen, dass Sie beim Besuch eines Geschäfts die Mehrheit der kleinen Kinderräder mit Stützrädern herumstehen sehen. Dahinter stecken handfeste Interessen des Handels: Steht das Kinderrad abfahrtbereit mit Stützrädern da, kann das Kind sofort eine Runde im Ladenlokal drehen – und das erhöht die Verkaufschancen bei der Beratung drastisch.

Mein Kind kann Rad fahren – und jetzt?

Sobald das Kind Fahrrad fahren kann, kommt neuer Schwung in die Familienmobilität – könnte man meinen. Doch die Eltern sollten sich nicht zu früh auf ausgedehnte Radtouren und flotte Besorgungsfahrten freuen. Die Tatsache, dass das Kind gelernt hat, sich auf dem Fahrrad fortzubewegen, bedeutet nämlich keineswegs, es würde das Gerät sicher beherrschen, und mit Verkehrskompetenz hat diese Fertigkeit schon gar nichts zu tun. Für kleine Kinder ist Radfahren Spiel – ebenso wie Laufradfahren, Rennen, Klettern oder Toben. Deswegen werden Einsteigerfahrräder auch „Spielräder" genannt.

Das soll aber nicht heißen, dass sich die neue Fähigkeit nicht „instrumentalisieren" ließe. In Begleitung der Eltern können Kinder nun in die Kita oder zur Grundschule radeln und dabei schon eine erste Ahnung davon bekommen, was im Straßenverkehr auf sie wartet. Und bei Ausflügen können die Kinder bald neben ihren Eltern herradeln, anstatt sich im Trailer ziehen zu lassen. Genau, nebenher statt hinterher – nämlich im Park, auf Feldwegen, autofreien Forststraßen und breiten Flussradwegen, und nicht auf der Straße.

Wer eifrig größere Radausflüge plant, sobald sein Kind Fahrrad fahren kann, der verkennt zum einen die körperlichen Möglichkeiten kleiner Kinder und vernachlässigt zum anderen die Frage, ob das Kind überhaupt gewillt ist, längere Zeit durch die

Stützräder

Ralf Puslat, Geschäftsführer der Firma Puky

„Damit ein Kind das Fahrradfahren gut erlernt, ist die Ausprägung und Entwicklung des Gleichgewichtssinnes von höchster Wichtigkeit."

Lange Zeit waren Stützräder der Königsweg beim Fahrradfahrenlernen. Was spricht gegen Stützräder?

RALF PUSLAT: Stützräder sind Sturzräder und schaden mehr, als sie nutzen. Diese einhellige Meinung aller Fachleute kann man nur unterstreichen. Damit ein Kind das Fahrradfahren gut erlernt, ist die Ausprägung und Entwicklung des Gleichgewichtssinnes von höchster Wichtigkeit. Die Benutzung von Stützrädern verhindert genau dieses. Besser ist es, wenn ein Elternteil gemeinsam mit dem Kind das Fahrradfahren erlernt, zum Beispiel, indem es das Kinderfahrrad am Sattel mit der Hand leicht führt.

Warum werden Ihrer Meinung nach weiterhin Stützräder angeschraubt?

RALF PUSLAT: Stützräder werden häufig auf Wunsch der Eltern zusätzlich angebaut, weil sie vermeintlich etwas Gutes tun wollen. Hier ist den Eltern klar zu sagen, dass sie den Kindern mit dem Anbau von Stützrädern keinen Gefallen erweisen. Die Kinder fühlen sich in trügerischer Sicherheit, dass Gleichgewicht wird nicht gefördert und es entstehen bei Absätzen wie etwa an der Bordsteinkante sogar große Gefahren.

Wie entscheide ich, welches Fahrzeug für mein Kind und meine Wohnsituation das beste ist?

RALF PUSLAT: Ob ein Kinderfahrzeug zum Kind passt, lässt sich am besten mit kompetenter Beratung im Fachhandel prüfen. Es ist entscheidend, dass das Kind ein in Größe, Gewicht und Ausstattung passendes Fahrzeug bekommt. Aber auch das entbindet die Eltern natürlich nicht von ihrer Sorgfaltspflicht. Die ersten Schritte in die kindliche Mobilität sollten immer im Schonraum geschehen, möglichst fernab von Straße oder Gehweg. Parks, große Spielplätze und Waldwege sind der geeignete Schonraum für die ersten Schritte in die kindliche Mobilität. Später kann das Kind auf dem Gehweg, frühestens mit acht Jahren mit einem straßenverkehrstauglichen Fahrzeug im Straßenverkehr unterwegs sein.

Laufrad statt Stützräder – kann man die Sachlage auf diese Formel zusammenfassen?

RALF PUSLAT: Ein Laufrad ist die ideale Vorstufe zum Fahrrad. Durch sicheren Zweibeinstand lernt das Kind spielerisch, sich nach vorne abzustoßen, Gleichgewicht zu entwickeln, Lenkvorgänge einzuüben und nicht selten auch die Schuhbremse einzusetzen. Im spielerischen Umgang mit dem Laufrad entwickelt sich das Gleichgewicht hervorragend, in der Regel kann ein Kind mit Lauferfahrung problemlos auf ein Fahrrad ohne Stützräder umsteigen.

Roller, Dreirad, Laufrad, Fahrrad ... da kommt ein stattlicher Fuhrpark und auch Betrag zusammen ... was empfehlen Sie Eltern mit schmalem Budget?

RALF PUSLAT: Auch bei schmalem Budget darf an Qualität nicht gespart werden. Entscheidend ist, dass das Kind mit einem funktionsgerechten und ergonomisch guten Fahrzeug erste Schritte in die Mobilität macht, damit Spaß und Freude an Bewegung stattfinden können. Hier ist eher das gebrauchte Qualitätsprodukt dem neuen Billigprodukt vorzuziehen. Ein Qualitätsprodukt lässt sich gut secondhand erwerben und auch wieder verkaufen, was unter dem Strich das Familienbudget gar nicht so stark belasten muss.

Gegend zu radeln – und natürlich, wie sicher es dabei schon ist.
Im optimalen Fall erlaubt man seinem Kind, die neu gewonnene Fähigkeit spielerisch zu nutzen und einzuüben. So wächst der Spaß am Radfahren von alleine, und auch die zur Bewältigung längerer Strecken nötige Kondition nimmt stetig zu. Für Fahrten mit den kleinsten Radlern bis fünf oder sechs Jahren gilt: Touren sollten stets diesseits des Ortsschildes stattfinden. Was Erwachsene unter „Touren" verstehen, ist für Kinder die blanke Überforderung: Fünf bis zehn Kilometer über den Tag verteilt sind das Limit. Damit Eltern und Kinder aber dennoch schon früh gemeinsam auf Tour gehen können, ist eine Fülle von Spezialfahrzeugen und Hilfsmitteln auf dem Markt. Mehr dazu im folgenden Kapitel.

Einradfahren

Stephan Hahn, Geschäftsführer von „deVELOpment engineering"

Was macht den Reiz des Einradfahrens aus?
STEPHAN HAHN: Einradfahren ist das Überwinden eigener Vorurteile („Das kann doch nicht gehen"). Oft setzt sich der Mensch Grenzen, ohne wirklich zu wissen, warum. Mit dem Erlernen des Einradfahrens überwindet man diese Haltung und erfährt Bestätigung und gesteigertes Selbstwertgefühl. Gerade bei Kindern ist diese Verbindung aus Körperbeherrschung und Selbstbewusstsein unmittelbar und im positivsten Sinne charakterbildend. Hier verbinden sich Lernen und Spaßhaben wie bei kaum einem anderen Fahrradtyp.

Ab welchem Alter kann man Einrad fahren?
STEPHAN HAHN: Zum Einradfahren gehört ein Mindestmaß an Körperbeherrschung und geistiger Entwicklung, sodass wir Einradfahren ab circa sechs Jahren empfehlen. Das Kind sollte bereits auf einem herkömmlichen Fahrrad sicher fahren können, bevor die ersten Versuche mit einem Einrad starten können. Einradfahren ist nicht auf die Jugend beschränkt. Auch Erwachsene bis ins hohe Alter können Einrad fahren. Mit verstellbaren Einrädern wie unserem Jus1 kann die ganze Familie (gemeinsam) dieses Hobby pflegen.

Welches sind die besten Startertipps fürs Einradfahren?
STEPHAN HAHN: Für Kinder ist es sicherlich empfehlenswert, das Einradfahren in einer Gruppe unter Anleitung eines Lehrers zu erlernen. Manche Kindereinrichtung und auch Breitensportvereine bieten solche Kurse an. Ich persönlich habe Einradfahren durch häufige kurze Trainingseinheiten unter Zuhilfenahme einer Wand beziehungsweise eines Fahrrads („Nebenherfahren") erlernt. Die habe ich einfach in den Alltag eingestreut.

Das Einrad ist kein Verkehrsmittel, sondern ein Spielzeug. Welche Konsequenzen hat das?
STEPHAN HAHN: Einräder sind Sportgeräte, die nicht auf öffentlichen Straßen und im Verkehr benutzt werden dürfen. Einradfahren im Straßenverkehr ist gefährlich und aus oben genannten Gründen durch keine Versicherung abgedeckt. Eltern sollten auf jeden Fall ihre Kinder beaufsichtigen und neben den „Fahrfertigkeiten" auch den Umgang und das Miteinander mit anderen ordentlich erklären.

Ist Einradfahren ein Mädchenhobby?
STEPHAN HAHN: Richtig ist, dass Einräder bei Mädchen sehr beliebt sind. Im Trick- und Racebereich, den es beim Einradfahren auch gibt, sind die Mehrzahl der Fahrer jedoch Jungen. Viele Sportler nutzen Einräder als Trainingsmethode für Balance und Körpergefühl.

Was muss ich sonst noch übers Einrad(fahren) wissen?
STEPHAN HAHN: In Japan war Einradfahren über lange Jahre Teil der Schulausbildung.

Von wegen kinderleicht! Einradfahren verlangt Übung und schult Wahrnehmung und Körperkontrolle. Prädikat: sehr empfehlenswert.

CALM
WATER
RESORT
Kalkhoff
Kalkhoff

SPIELEN

Spielplatzrunde bis Landpartie

TRAILERBIKE

Beim Trailerbike steckt der Teufel oft im Detail. Bei Billigmodellen haben Tests hier und da mangelhaft konstruierte Kupplungen entdeckt, die Bruchgefahren bergen; es sollte also immer ein hochwertiges Trailerbike aus dem Fachhandel gewählt werden. Wichtig ist eine Gangschaltung, damit das Kind auch bei höherem Tempo mittreten kann. Da das Trailerbike das Rücklicht der Zugmaschine verdeckt, muss auf gut sichtbare Beleuchtung geachtet werden. Damit das Trailerbike einfach transportiert werden kann, sollte die Zugstange abnehmbar sein.

GEEIGNET ab 4 Jahren
PREIS ab 250 Euro
TIPP Beim Trailerbike zählt nicht die Körpergröße, sondern vor allem die Fähigkeit des Kindes, sich selbstständig auch bei höheren Geschwindigkeiten und holprigem Untergrund festhalten zu können. Deshalb nicht zu früh auf wilde/große Tour starten.

Sind die Kinder zwischen fünf und sieben Jahre alt, vollzieht sich in der zweiräderigen Mobilität der Familie ein grundlegender Wandel. Plötzlich sind die Kleinen gar nicht mehr so klein; die Zeit des Trailers geht zu Ende. Inzwischen kann der Nachwuchs zwar selbst Fahrrad fahren, wird also zusehends auto-mobil, doch er ist längst noch nicht in der Lage dazu, all das eigenständig auf dem Rad zu schaffen, was die Eltern früher mit dem Kind im Schlepp bewältigten.
Um zu sehen, was sich in der kommenden Zeit alles ändert, was möglich ist und wie es funktionieren kann, lohnt sich ein Blick zurück auf die Familien-Fahrradfreizeit der vergangenen Jahre. Radtouren mit Trailer waren immer eine schöne Erfahrung, vorausgesetzt, der Nachwuchs spielte mit. Unabdingbare Voraussetzung dafür: ein Ziel, auf das sich Kinder freuen konnten und das auch den Bedürfnissen der Eltern entsprach – etwa ein lauschiger Biergarten am Waldrand mit angeschlossenem Spielplatz, gute 40 Fahrradminuten von zu Hause entfernt. Perfektes Timing vorausgesetzt – also nicht direkt nach dem Mittagsschlaf losfahren, sondern so, dass dem Nachwuchs eine Erholungspause ganz recht kam –, klappte das ziemlich gut. Mit zunehmendem Alter und wachsender Interessenvielfalt der Kleinen wurden die Ziele vielfältiger: der Tierpark, die Burgruine, der Badesee ... Längere Touren ließen sich durch kindgerechte Zwischenstopps ganz gut organisieren. Anfangs wurde sogar das kleine Spielrad mitgeführt, sodass das Kind kurze Teilstrecken selbst radeln konnte, um dann stolz und erschöpft wieder in den Trailer umzusteigen.
Spätestens mit dem siebten Geburtstag ist all das jedoch vorbei. Dann nämlich darf das Kind nicht mehr in Anhänger oder Kindersitz transportiert werden. Und die Touren von früher komplett selbst zu fahren, dafür reicht die Kondition der Kinder noch nicht.
Gut möglich also, dass die Strecken erst einmal kürzer werden – oder dass die Eltern in Material investieren, das in dieser Phase für mehr Reichweite sorgt.

Lange Ausfahrten und kniffeliges Gelände verlangen gutes Radmaterial. Das gilt für klein und groß.

Räder im Schlepptau

Was bei Autos klappt, sollte doch auch bei Fahrrädern funktionieren – so denken viele. Gemeint ist hier das Abschleppen per Seil oder Zugstange, das Kfz-Lenkern einiges Geschick abverlangt. Wer einmal per Seil abgeschleppt wurde oder das Zugfahrzeug steuerte, der weiß, wie schwierig das Zusammenspiel zwischen den Beteiligten ist – und wie leichtsinnig die Idee, das Abschleppen per Seil aufs Fahrrad zu übertragen. Plötzliche Geschwindigkeitsänderungen des Zugfahrzeuges können nämlich dazu führen, dass das abgeschleppte Kind ungebremst von hinten auffährt oder durch abrupten Zug vom Rad gerissen wird. Dazu reicht unter Umständen schon eine seichte Senke. Trailernutzer kennen den Ruck, der etwa entsteht, wenn man eine Bodenwelle überfährt, doch in diesem Fall sind Fahrrad und Anhänger fest miteinander gekoppelt.

Genau dies bieten sogenannte Tandemstangen oder Kupplungsstangen wie der Trail Gator – längenverstellbare Rohre, welche die Sattelstütze des Zugfahrzeugs mit dem Steuerrohr des gezogenen Kinderrades verbinden. Dessen Vorderrad wird dabei vom Boden abgehoben; das Kind kann zwar nicht mehr steuern (zumal die Lenkung mit einer Stange fixiert wird), aber so lange und so intensiv mittreten, wie es will. Auch wenn das Kinderbike nicht angekoppelt ist, kann so eine Stange mitgeführt werden; es ist also möglich, auf einer Tour immer mal wieder an- und abzukoppeln.

Wie überall gibt es allerdings auch hier Nachteile. Zum einen könnte das Kind bremsen, was für den Vordermann natürlich sehr irritierend ist. Zum anderen neigt es dazu, auf seinem „aufgebockten" Fahrrad hin und her zu schwanken, weil es sich ja nicht durch Lenken stabilisieren kann. Dieser Effekt tritt aber in erster Linie bei sehr langsamer Fahrt auf. Wird man schneller, stabilisiert die Kreiselkraft des Hinterrades das Fahrrad. Verfügt das Kinderrad über eine Cantileverbremse mit mittig verlaufendem Bremszug, muss diese umgebaut werden, damit der Zug nicht der Klemmschelle im Wege ist. Nicht vergessen darf man, dass dem Mittreten gerade bei Kinderrädern ohne Schaltung eine enge Grenze gesetzt ist. Zwischen 15 und

Familie Brändli/Fisch auf großer Tour. Dank FollowMe-Kupplung kann das Kind auch selbst radeln.

20 km/h wird die Tretfrequenz so groß, dass das Kind keine Kraft mehr aufs Pedal bringen kann und durch das schnelle Kurbeln außerdem leicht Unruhe ins Gespann bringt.
Die Kupplungsstange des genannten Herstellers ist mit über 100 Euro nicht gerade billig; da scheinen Modelle branchenfremder Anbieter, die manchmal nur ein Drittel dieser Summe kosten, natürlich sehr attraktiv. Allerdings weisen Billigvarianten teils gefährliche Konstruktionsmängel aus; die Klemmungen können versagen, und in Tests haben sich teils Rissbildungen im Material gezeigt. Wie bei Kinderrädern empfiehlt es sich also, sich im Fahrradhandel umzuschauen. Dort kann man sich auch die Montage genau erklären lassen. Mit rund 200 Euro deutlich kostenintensiver als eine Kupplungsstange, allerdings auch stabiler und funktionaler, ist eine FollowMe genannte Einhängevorrichtung, die an der Hinterradachse des Zugfahrrades befestigt wird und das Vorderrad des Kinderbikes aufnimmt. Vorteil dieser Konstruktion ist der tief liegende Kupplungspunkt zwischen beiden Fahrzeugen, der nachteilige Einflüsse aufs Fahrverhalten minimiert. Insgesamt ist die Verbindung zwischen beiden Fahrrädern stabiler, sodass weniger Unruhe ins Gespann kommt, etwa wenn sich das Kind zur Seite lehnt. Und überhaupt: Das FollowMe hat seine Praxiseignung bereits bei weltreisenden Radfamilien unter Beweis gestellt – dazu in einem späteren Kapitel mehr.
Beide Zugvarianten eignen sich für Kinderräder zwischen zwölf und 20 Zoll Radgröße. Größere Kinder, die schon auf 24er-Rädern fahren, sind in der Regel nicht mehr darauf angewiesen, abgeschleppt zu werden.
Eine Alternative dazu, das Kinderrad abzuschleppen, nennt sich Trailerbike. Hinter dem Begriff verbirgt sich sozusagen ein halbes Fahrrad, das an das Zugfahrrad angekoppelt wird. Was die Fahreigenschaften angeht, benimmt sich ein Trailerbike ähnlich wie ein angekoppeltes Kinderrad; die Befestigung ist unkomplizierter, da nur eine Kupplung am Erwachsenenfahrrad angebracht werden muss. Hochwertige Trailerbikes sind ab rund 200 Euro erhältlich, mit Schaltung ab etwa

240 Euro – der Preis eines guten Spielfahrrades. Eine Anschaffung also, die sich vor allem für Vielfahrer lohnt. Trailerbikes mit Schaltung haben den Vorteil, dass die Kinder auch bei höherem Tempo mittreten können, und sind damit klar die bessere Wahl. Wie bei den Tandemstangen, ist auch bei Billig-Trailerbikes Vorsicht geboten; immer wieder fallen vorgebliche Schnäppchenmodelle bei Produkttests durch Konstruktionsmängel auf (beziehungsweise durch). Diese lassen sich durch eine Sichtprüfung im Laden nicht unbedingt erkennen – bruchempfindliche Kupplungsbestandteile aus Aluguss werden nur bei Materialprüfungen enttarnt.
Ob eine der beiden Varianten jedoch überhaupt nötig ist, um zweirädrige Familienmobilität auf gewohntem Niveau zu gewährleisten, wissen die Eltern selbst am besten. Denn sie kennen die Fähigkeiten ihrer Kinder sehr genau und können gut abschätzen, was sie den Kleinen zutrauen, aber auch zumuten können. Immerhin: Bereits Sechsjährige können, auf Einzelabschnitte verteilt, zehn bis 20 Kilometer am Tag radeln; manche Achtjährige bringen es auf 40 Kilometer und Zehnjährige gar auf die doppelte Strecke. Allerdings: Während das „Kilometer machen" an sich, der damit verbundene Landschaftsgenuss und das Gefühl, sich angenehm körperlich zu betätigen, für Erwachsene Sinn und Zweck des Ganzen ist, radeln Kinder vielfach „zielorientiert", um irgendwo hinzugelangen. Die Freude am Radfahren selbst ist bei ihnen viel spielerischer ausgeprägt – sie lieben kleine Wettfahrten und Geschicklichkeitsspiele; so etwas in die Familienradtour einzubauen, sorgt für Abwechslung. Viele Kinder sind an messbaren Leistungen interessiert – ein Fahrradtacho am Lenker kann da durchaus eine Motivation darstellen, ohne zu murren eine längere Strecke durchzuhalten.

Spezialisten aus der Nische

Der Luxusliner unter den Trailerbikes ist sicher der Streamliner des Herstellers Tout Terrain – ein gefedertes Spezialmodell, das auch für den ernsthaften Geländeeinsatz taugt. Der Clou dabei ist, dass es zu diesem halben Mountainbike auch die vordere Hälfte gibt; der Streamliner kann also zum voll gefederten Kinder-MTB mit 20-Zoll-Rädern umgebaut werden. Eine praktische und qualitativ hochwertige Lösung, die allerdings auch ihren Preis hat: knapp 1200 Euro für den Trailer, 1500 Euro für das komplette Rad. Und auch für die Straße findet

KINDERKURBELN/ KURBELVERKÜRZER

Tretkurbeln für Erwachsene sind für Kinder zu lang; in der unteren Pedalposition müssen sie das Becken abkippen, in der oberen Position das Bein zu stark anziehen. Kinderkurbeln mit doppeltem Pedalgewinde verringern den Tretradius um rund vier Zentimeter und machen die Kurbeln sozusagen kürzer. Ebenso wirken Pedalverkürzer: Sie werden außen an die Kurbeln geschraubt und ermöglichen zwei oder mehrere alternative Pedalpositionen. Manche Ausführungen sind sogar stufenlos verstellbar. Ihr Nachteil ist jedoch, dass sie die Pedale etwas weiter nach außen versetzen.

PREIS ab 40 Euro
TIPP Neben den Kurbelverkürzern bzw. speziellen kurzen Kurbeln helfen auch niedrig aufbauende Sattelstützen und -gestelle dabei, die Bauhöhe gering zu halten.

KIDDY CRANKS

An Tandems, deren hinterer Sattel nicht weit genug nach unten verstellt werden kann, kann ein Extra-Kurbelsatz nachgerüstet werden, Dieser wird ans Sattelrohr geschraubt und kann exakt auf die Beinlänge des mitfahrenden Kindes eingestellt werden. Die hinteren Kurbeln bleiben an ihrem Platz; sie werden über eine zusätzliche Kette mit den Kiddy Cranks verbunden.

PREIS ab 250 Euro (inkl. Kurbel, Kette usw.)
TIPP Stellen Sie sicher, dass Ihr Kind den Lenker gut erreicht. Nach hinten gedrehte Hornlenker sind ideal dafür.

KINDERTRANSPORTRAD

Kindertransporträder gibt es in zahllosen Ausführungen. Viele werden von kleinen Spezialunternehmen gefertigt und sind optimal auf ganz bestimmte Einsatzzwecke zugeschnitten, etwa, um Kindern mit einer Behinderung gemeinsames Radfahren mit den Eltern zu ermöglichen. Dazu gehören etwa Tandemlösungen mit einem vorne angebrachten Liegesitz, während der Hintermann aufrecht sitzt und steuert. Ins vielfältige Spektrum der Transporträder gehören dreirädrige, rikschaähnliche Kindertransporter mit vorne oder hinten angebrachter Sitzbank beziehungsweise Einzelsitzen. Solche Modelle, teilweise mit einem geschlossenen Verdeck versehen, haben eher den Zweck, den Zweitwagen zu ersetzen und eine von der Witterung unabhängige, muskelkraftbetriebene Kinderbeförderung möglich zu machen.

GEEIGNET modellabhängig ab 6 Wochen
PREIS ab 750 Euro
TIPP Suchen Sie einen Händler auf, der unterschiedliche Konzepte zum Ausprobieren vor Ort hat. Aus dem Katalog heraus kann kein Modell seine Stärken zeigen, dafür aber seine Schwächen tarnen.

sich ein interessanter Exot: Das Trets von Hase ist ein Liegedreirad für Kinder, dessen Vorderradmodul sich gegen eine Deichselkupplung ersetzen lässt – flugs ist aus dem Fahrrad ein zweiräderiges Trailerbike geworden. Die Trailerversion kostet 1390 Euro, das eigenständig fahrfähige Rad gar 2190 Euro. Es gibt sogar ein Faltverdeck (749 Euro).

Zweisitzer und mehr

Nicht nur praktische Mobilitätslösung, sondern Selbstzweck ist vielen Paaren das Tandemfahren. Gerade im Toureneinsatz haben sich die Zweisitzer bewährt: Ein Tandem bügelt Leistungsunterschiede aus und macht aus zwei ungleich trainierten Radlern ein zugkräftiges Gespann; auf Routen mit hohem (Rad-)Verkehrsaufkommen können Tandemfahrer ungestört parlieren und ihre Zweisamkeit genießen, ohne immer wieder vom Nebeneinanderherfahren zur Einerreihe wechseln zu müssen.

Und auch als Familienfahrzeug bietet das Tandem viele Vorteile. Zu zweit zieht sich ein Trailer leichter; kommt dessen Passagier ins radfahrfähige Alter, kann er den hinteren Platz auf dem Zweisitzer übernehmen, während Mama oder Papa wieder aufs Solofahrrad wechselt. Letzteres bedingt natürlich, dass das Tandem über einen großen Verstellbereich bei der Sitzhöhe verfügt. Auf sogenannten Familientandems, wie sie etwa der Hersteller Croozer anbietet, können (je nach Körpergröße) bereits Sechsjährige Platz nehmen.

Hochwertige, schnelle Reisetandems sind auf unseren Straßen ein seltener Anblick. Mit solchen Fahrzeugen werden nicht selten Tausende von Kilometern pro Jahr zurückgelegt – ein sportlicher Lebensstil, der mit der Geburt eines Kindes nicht beerdigt werden muss. Denn wenn die Trailerzeit vorbei ist, lassen sich hochwertige Tandems so umrüsten, dass auch kleine Kinder mitfahren können. So kann oberhalb des hinteren Tretlagers ein weiterer Kurbelantrieb (Kiddy-Cranks genannt) montiert werden, mit jenem per Kette verbunden und in einer exakt auf die Größe des Kindes einstellbaren Höhe. Santana, Pedal Power und einige andere Tandemspezialisten fertigen auch Drei- und Mehrsitzer, auf Wunsch zerlegbar – so passt die ganze Familie auf zwei Reifen.

Natürlich haben Tandems ihren Preis. Pauschal lässt sich sagen, dass ein Tandem etwa das Zweieinhalbfache eines Solorades gleicher Qualität kostet;

Geht nicht gibt's nicht! Hersteller wie die Firma Hase bieten für jede radelnde Familie die richtige Technik.

FAMILIENTANDEM

Tandems für den Alltagseinsatz sollten vor allem robust konstruiert sein. Eine schlagfeste Pulverbeschichtung gehört ebenso dazu wie rostfreie Schrauben an allen geeigneten Stellen. Besonders wichtig ist, dass der hintere Sitzplatz einen großen Spielraum bei der Höhenverstellung bietet, damit ein Kind ebenso wie ein Erwachsener mitfahren kann. Fahren kleine Kinder mit, sollten Kinderkurbeln mit zwei Pedalgewinden beziehungsweise Kurbelverkürzer montiert werden. Diese verkürzen die effektive Kurbellänge und verkleinern den Tretradius. Technisch gelten die gleichen Anforderungen wie ans hochwertige Cityrad: Eine Lichtanlage mit Standlichtfunktion und Nabendynamo sollte ebenso dran sein wie hochwertige Bremsen; ideal sind Hydraulikstopper. Für den Alltagsbetrieb reicht eine Fünfgang-Nabenschaltung aus; Tourenmodelle benötigen in der Regel ein größeres Gangspektrum. Wie am Cityrad ist ein stabiler Gepäckträger für den Alltagseinsatz Standard.

GEEIGNET ab ca. 6 Jahren
PREIS ab 1000 Euro
TIPP Wählen Sie ein Modell, auf dem auch zwei Erwachsene fahren können … es wird Ihre Zweierbeziehung romantischer machen!

ein gutes Familienmodell ist demnach ab rund 1500 Euro zu haben, sportliche Tandems oder besonders robuste Modelle für Radreisen kosten leicht das Dreifache, Skala nach oben offen. Einen geeigneten Stellplatz vorausgesetzt, kann ein solides Modell für den täglichen Einsatz durchaus den Zweitwagen ersetzen; schließlich wird dieser oft nur für Kurzstrecken im städtischen Raum eingesetzt. Etwa, um die Kinder „sicher" zur Schule zu bringen – aber das geht auch mit dem Rad. Da sich Tandems auch gut solo fahren lassen, kann man Kinder damit bestens durch den Alltag chauffieren und auch alleine wieder nach Hause fahren.

Da die Investition in ein Tandem auf jeden Fall vierstellig ist, sollte man vorab einigermaßen sicherstellen, dass einem das zweisame Radfahren liegt – und dass der Nachwuchs das ebenso empfindet. Viele Radgeschäfte, die Tandems führen, leihen ihre Modelle für Probefahrten aus; ein Angebot, auf das man eingehen sollte. Je jünger die Kinder sind, desto komplexer sind die Anforderungen an die Sitzposition. Kurze Tretkurbeln müssen her oder gar ein hochgelegtes Zusatztretlager; statt des Erwachsenensattels muss ein den kindlichen Proportionen angemessenes Modell ans Rad.

Die große Herausforderung des Tandemfahrens besteht in der nötigen Harmonie zwischen Steuermann und Mitfahrer (im Tandem-Slang „Captain" und „Stoker"). Das bezieht sich in erster Linie aufs Treten, da beide Kurbeltriebe miteinander gekoppelt sind. Hört eine Partei auf zu treten, muss sie das also deutlich kundtun. Ist der Stoker ein Kind (der Fachmann sagt „Stokid"), sollte man

Tandemspezialisten (hier Santana) bauen auch für Großfamilien. Serienmäßig gibt es bis zu sechs Sitzplätze.

Abenteuer beginnen vor der Haustür. Auch und gerade mit Kindern.

sich angewöhnen, nicht einfach mit dem Treten auszusetzen, sondern die Bewegung sachte zu verlangsamen.
Dieser Gleichtakt sollte einige Zeit geübt werden, bevor man sich mit dem Tandem in den Straßenverkehr wagt. Im Stadtwald oder im Park kann man sich auch langsam an höhere Geschwindigkeiten herantasten. Kinder sind in der Regel sehr gut in der Lage, höhere Tretfrequenzen durchzuhalten; radsportlich geübte Eltern müssen sich also nicht übermäßig zurückhalten. Kurze Kinderkurbeln erleichtern eine schnelle Taktzahl, da der Radius der Tretbewegung kleiner ausfällt.
Übung ist auch bei der Kurvenfahrt nötig. Das Kind muss Vertrauen haben und sollte nicht durch zu starke Schräglage erschreckt werden – dann könnte es versuchen, sich aufzurichten, und Unruhe ins Fahrwerk bringen. Starten Sie also behutsam.
Radsportler, die ihren Nachwuchs integrieren wollen, können mit einem Renntandem beziehungsweise einem Doppel-MTB das optimale Sportgerät finden. Auf diese Weise werden die extremen Leistungsunterschiede egalisiert und das Kind muss weder unter zu hohen Anforderungen noch unter dauernden Ermahnungen („Fahr' vorsichtig, nicht so schnell da vorn ...") leiden. Und das gemeinschaftliche Erleben beim Tandemfahren ist eine Bereicherung im Verhältnis von Eltern und Kindern.

Mit Kind auf großer Fahrt

Mit dem Rad zum Spielplatz fahren oder eine Tagestour machen – was vielen jungen Eltern bereits wie die große Freiheit vorkommt, gilt manchen nicht einmal als richtiges Radfahren. Begeisterte Reiseradler, die im Urlaub vierstellige Kilometerdistanzen zurücklegen und oft genug mit dem Flugzeug zum Start anreisen, haben eine ganz andere Vorstellung von der Freiheit auf dem Fahrrad. Bald nach der Geburt kommt bei ihnen die Frage auf, ob sich diese Freiheit auch noch mit Kind verwirklichen lässt.
Selbstverständlich lautet die Antwort „Ja", wie radreisebegeisterte Eltern immer wieder beweisen. Gerade mit kleinen Kindern, die noch im Trailer mitfahren, ist das Zurücklegen (wochen-)langer Touren kein Problem. Wie bei Tagesausflügen gilt es, Fahrtstrecken, Pausen und Zwischenziele kindgerecht zu gestalten und dafür Sorge zu tragen, dass sich der Anhang nicht als „Anhängsel" fühlt, sondern sozusagen als vollwertiger Reisepartner, der bei der Gestaltung des Urlaubs durchaus ein Mitspracherecht hat.
Reisen ist immer auch eine Frage der Logistik, und da kommt auf die Eltern natürlich einiges zu. Wer mal übers Wochenende zu Freunden gefahren ist, kennt das: Das Reisebett muss mit, der Schlafsack, Kuscheldecke und -tiere, die Matschhose, die Gummistiefel, warme Mütze, Sonnenkappe, genug Bodys und Hemdchen zum Wechseln, Wickelsachen, ach ja, die Spieluhr nicht vergessen ...
Da kommt eine Menge zusammen, doch ob man nun zwei Nächte oder drei Wochen unterwegs ist, macht im Grunde keinen großen Unterschied. Zumindest mit einem Kind an Bord ist ein Trailer beladungsmäßig längst nicht ausgereizt; vieles von dem, was für den Nachwuchs mitgenommen werden muss, findet also dort noch Platz. Ein paar Wochenendtouren können als Probelauf dienen, und wenn die gut gehen, steht auch längeren Fahrten nichts im Wege. Mit größerem Aufwand verbunden ist natürlich die (eventuelle) Anreise zum Startort der Radreise, und die Versorgungslage am Urlaubsort sollte bekannt sein. Nicht alle Kinder sind wählerisch, zu stark von der gewohnten Kost abweichen sollte man jedoch nicht.
Ist man mit Kindern unterwegs, die bereits selbst Rad fahren können, sollte bei der Streckenplanung natürlich deren Verkehrskompetenz eine Rolle spielen. Tandem oder Trailerbike sind hier mögliche Kompromisslösungen. Dass Reisen bildet, merkt man dann vielleicht nach der Rückkehr, wenn die Kinder sich im gewohnten Umfeld plötzlich viel sicherer auf dem Rad bewegen. Insofern ist eine solche Radreise sicher auch eine sehr gute Vorbereitung auf den Ernst des Mobilitätslebens – dazu mehr im folgenden Kapitel.

Wohlverdiente Pause auf der Höhe. Vater und Kinder in müder Eintracht.

Tandem und Anhänger machen reiselustige Familien mobil; im Alltag wie im Urlaub.

Wie die Zeit vergeht: Gerade noch im Anhänger und schon mit eigenem reisetauglichem Edel-Kinderrad unterwegs ...

Fernreisen mit Kindern

Katja und Tobias Uhl, Reiseradler, seit Geburt ihrer Kinder als Familie auf Radtouren

Mit einem Säugling auf eine Fahrrad-Fernreise zu starten ist nach wie vor exotisch. Wie waren die Reaktionen im Familien- und Freundeskreis, als ihr mit eurer ersten Tochter wenige Wochen nach der Geburt auf eine Radreise durch Neuseeland aufgebrochen seid?

TOBIAS UHL: Fast niemand hat sich etwas anmerken lassen, aber im Nachhinein hat sich schon gezeigt, dass so manch einer eher kritisch war und fand, dass die Idee nicht wirklich babytauglich sei. Um nicht zu sagen, verrückt. Vor allem für Leute, die sich schon ohne Kinder nicht vorstellen können, morgens nicht zu wissen, wo sie abends schlafen, sind wir einfach Freaks. Aber ein Kind im Hänger ist eigentlich wie ein Kind im Kinderwagen, und klimatisch ist Neuseeland im April auch nicht wirklich exotisch.

Wie hat sich die lange Reise mit dem Säugling auf das anschließende Familienleben im deutschen Alltag ausgewirkt?

KATJA UND TOBIAS UHL: Gar nicht, wir finden das normal!

Mit welchen Problemen habt ihr unterwegs gerechnet? Und welche überraschenden Probleme kamen auf?

TOBIAS UHL: Gerechnet hatten wir allenfalls mit einem schreienden Säugling während der 26-stündigen Flugreise. Den gab's aber nicht. Lioba hat den Flug nahezu komplett verschlafen – im Gegensatz zu uns. Überrascht wurden wir von den ersten Zähnen, mit denen wir im vierten Lebensmonat nicht gerechnet hatten. Geraten wurde uns zu einem Mittel in einer blauen Tube. Nach einigen erfolgreichen Anwendungen genügte manchmal schon der Anblick der blauen Tube, um die Tränen zu trocknen. Unsere Tochter war darauf später so konditioniert, dass wir für Nachschub aus angelsächsischen Ländern sorgen mussten ... Verwundert waren wir, dass Lioba bei kurzen Pausen extra zum Stillen plötzlich die Brust verschmähte. Eine Reisebekanntschaft klärte uns über den wohl erhöhten Laktatgehalt der Milch nach Anstrengung auf. Sprich: schmeckt fies. Aber schon 30 Minuten Pause vor dem Stillen brachte hier Abhilfe.

Wie haben die Neuseeländer auf euch reagiert?

KATJA UHL: Als Radreisender wird man ja sowieso schon nett aufgenommen, auf einem Tandem sitzend wie wir bekommt man noch einen Bonus obendrauf, aber Tandem und Baby im Anhänger ist kaum zu schlagen. Neuseeländer haben wir durchweg als unkompliziert und sehr kinderfreundlich erlebt.

Gibt es einen Unterschied, wie Deutsche und Neuseeländer mit Säuglingen umgehen?

KATJA UHL: Vielleicht sind Neuseeländer eher etwas entspannter. Aber vier Wochen Reise sind zu kurz, um das sicher zu beurteilen.

Welcher Ausrüstungsgegenstand hat sich als „Retter in der Not" beziehungsweise als „Allzweckwaffe" erwiesen?

TOBIAS UHL: Das Tragetuch war wertvoll, um Lioba an Katjas Bauch auf dem Tandem vom Flughafen zur Unterkunft zu bringen, da der Anhänger den Anschlussflug in Los Angeles wegen der Zollkontrollen und weiten Wege nicht mehr erwischt hat. Auch als Decke, Schattenspender und auf einigen Wanderungen war das sehr wertvoll. Eine Gummispinne war das ideale Spielzeug, die lässt sich an jedem Stuhl befestigen und mit spannenden (Küchen-)Utensilien bestücken.

Würdet ihr wieder mit einem Säugling auf Fernreise gehen?

TOBIAS UHL: Klar! Unsere zweite Tochter ereilte bereits das gleiche Schicksal in Andalusien. Und sie bekam von ihrer Schwester pausenlos Lieder vorgesungen, während wir sie die Berge hochzogen. Inzwischen ist Lioba zwölf und Delia neun Jahre alt. Wir machen immer noch jedes Jahr eine lange Radreise (inzwischen auf zwei Tandems) und ich glaube, wir genießen es alle – meistens jedenfalls. Tatsächlich ist es aber so, dass man bei älteren Kindern viel mehr Kompromisse eingehen muss, was aber nicht negativ klingen soll.

Was würdet ihr heute anders machen?

TOBIAS UHL: Ich hab damals einen Maxicosi-Kindersitz aufwendig in den Anhänger montiert. Da gibt es heute viel schönere und einfachere Lösungen.

RAUS AUS DEM SCHONRAUM

Auf die Straße und zur Schule!

Schattig und verkehrsarm, so sieht ein geeigneter Übungsplatz aus. Hier können Kinder auch die ersten Meter ohne Eltern fahren.

Blicken wir Eltern von heute auf unsere eigene Kindheit zurück, scheint uns manches im Vergleich zu heute nachgerade paradiesisch. Zum Beispiel der Weg zur Schule, vielfach schon im Grundschulalter mit dem Rad zurückgelegt. Das ging damals noch, denkt man sich dann, früher war ja auch die Verkehrsdichte viel geringer und die Autos fuhren nicht so schnell.
Doch das statistische Material der Deutschen Gesetzlichen Unfallversicherung (DGUV) sagt etwas ganz anderes. Im Jahre 1970 starben in Deutschland 2167 Kinder unter 15 Jahren im Straßenverkehr, 2006 waren es nur noch 136. Ein extremer Rückgang, der sich nicht nur auf Verbesserungen bei der medizinischen Versorgung zurückführen lässt, sondern auch darauf, dass die Schwere der Unfälle abgenommen hat. Die Zahl der verunglückten Kinder reduzierte sich in besagtem Zeitraum nämlich nur um gut die Hälfte (von 73 493 auf 34 534), während die Zahl der schwer verletzten Unfallopfer (solche, die mindestens 24 Stunden stationär behandelt werden mussten) unter 15 Jahren von 26 435 auf 5694 zurückging.
Zu verdanken haben wir das einer ganzen Reihe von Maßnahmen, die zusammengenommen eine deutliche Verbesserung der Verkehrssicherheit zur Folge hatten: Aufklärungskampagnen, die sich an Autofahrer wandten, eine verbesserte Verkehrserziehung an den Schulen, praktische Maßnahmen zur Verkehrsberuhigung wie Tempo-30-Zonen sowie die polizeiliche Überwachung von Tempolimits, und die Benutzung von Sicherheitseinrichtungen (Gurte, Kindersitze).

SPIELRAD

In Sachen Sicherheit gelten fürs Spielfahrrad die gleichen Maßstäbe wie für Laufräder & Co. Zusätzlich muss am Spielrad ein Vollkettenschutz montiert sein; sonst besteht die Gefahr, dass das Kind mit den Fingern in den Kettenstrang gerät. Solche Unfälle passieren gerade dann, wenn zwei oder mehr Kinder das Fahrzeug untersuchen – während eines das Ritzel befühlt, dreht das andere an der Tretkurbel ...
Die allermeisten Spielräder sind hierzulande mit Rücktrittbremse ausgestattet; zusätzlich muss eine gut funktionierende Vorderradbremse mit Kinderbremsgriff ans Rad, denn in Schrecksituationen kann das Kind den Rücktritt unter Umständen nicht bedienen. Eine Gangschaltung brauchen die kleinen Flitzer noch nicht; wenn's unbedingt sein muss, ist eine Dreigang-Nabenschaltung mit Drehgriff die sinnvollste Option. Spielräder müssen nicht der StVZO entsprechen, da sie nicht im Straßenverkehr verwendet werden dürfen. Wichtig ist eine Klingel, sinnvoll sind Reflektoren. Eine Lichtanlage braucht ein Spielrad dagegen nicht – bei Dunkelheit sollten kleine Kinder auch nicht begleitet radeln.
Im Sinne einer langen Nutzungsdauer haben sich „mitwachsende" Rahmenkonstruktionen bewährt, die einen flachen Sitzwinkel aufweisen und um die zehn Zentimeter Verstellbereich am Sattel bieten. Kurbellänge und Tretlagerhöhe limitieren ein weiteres „Mitwachsen" jedoch.
Solide Spielräder sind pulverbeschichtet und komplett mit Kugellagern versehen (Räder, Lenkung, Pedale, Tretlager) – Merkmale, die die Lebensdauer verlängern und für einen hohen Wiederverkaufswert sorgen. Selbstverständlich ist ein Spielrad mit Luftreifen versehen. Seitenständer und Gepäckträger sollten an Bord sein, Stützräder dagegen nicht.

GEEIGNET ab ca. 3 Jahren
PREIS ab 100 Euro
TIPP Kaufen Sie Markenprodukte, der Wiederverkaufspreis ist deutlich höher; Fahrspaß und Qualität garantiert auch!

KINDERSTRASSENRAD

Im Gegensatz zu Spielrädern müssen Fahrräder für Kinder ab acht Jahren StVZO-konform ausgestattet sein; eine dynamobetriebene Lichtanlage gehört also an Bord. Optimal ist ein ausfallsicherer Nabendynamo mit Einschaltelektronik an der Frontleuchte, wodurch sichergestellt ist, dass das Kind auch wirklich mit Licht fährt. Sinnvoll ist ein Standrücklicht, Pflicht sind Reflektoren vorne und hinten, an den Pedalen sowie in den Speichen beider Laufräder (alternativ und besser: Reflexreifen). Üblich ist eine Nabenschaltung mir drei bis sieben Gängen; eine Kettenschaltung wird wegen der sportlichen Optik oft vorgezogen, ist jedoch weniger robust und erfordert mehr Wartung.
Wichtig beim Kinderrad ist eine der Körpergröße angemessene Rahmenhöhe, die eine aufrechte Sitzposition und Bodenkontakt mit beiden Fußballen erlaubt. Ein Kinderrad sollte nicht „zum Reinwachsen" gekauft werden, sondern muss von Anfang an die richtige Größe haben; ausschlaggebend ist dabei die Laufradgröße. Mitwachsende Modelle erlauben bis zu 15 Zentimeter Verstellbereich des Sattels. Auch beim Kinderrad gilt, dass sich hochwertige, einigermaßen gepflegte Modelle gut weiterverkaufen lassen.

GEEIGNET ab ca. 6 Jahren
PREIS ab 200 Euro
TIPP Spannen Sie für Helm, Schloss und Wimpel die Verwandten ein. Das schont die Familienkasse. Funktioniert zu Ostern und Geburtstag am besten!

Wenn unsere Kinder also am Verkehr teilnehmen, erwarten sie zwar dreimal so viele Kraftfahrzeuge auf den Straßen wie vor 40 Jahren, das Risiko, das von diesen ausgeht, ist jedoch gesunken. Allerdings ziehen sich Kinder immer stärker aus dem Verkehr zurück. 1976 legten noch über 90 Prozent aller Kinder von sechs bis sieben Jahren ihren Schulweg ohne die Begleitung von Erwachsenen zurück; im Jahre 2000 waren es nur noch etwas über die Hälfte. Auch die Nutzung des Wohnumfeldes als Spielraum wird zusehends schwieriger und führt dazu, dass sich immer weniger Kinder draußen aufhalten – mit deutlichen Auswirkungen auf ihre psychomotorischen Fähigkeiten.
Leider wird immer noch die Hälfte aller Verkehrsunfälle mit Kindern von Erwachsenen verursacht, etwa durch das Missachten innerstädtischer Tempolimits, mangelnde Aufmerksamkeit beim Abbiegen oder Rotlichtverstöße. Alles Gefahren, die den Kindern durchaus bewusst sind – in Befragungen geben viele an, als Fußgänger oder Radfahrer Angst vor dem zu schnellen und zu dichten Autoverkehr zu haben, beklagen sich über rücksichtslose Fahrweise an Zebrastreifen oder Querungshilfen und empfinden ihren Schulweg als gefährlich.

Kinderspielrad

Jan Begemann, Produktmanager Fahrrad bei BIKE&CO
„Insbesondere für Kinder halte ich eine Lichtanlage mit Standlichtfunktion für unabdingbar."

Das Kinderspielrad kommt ohne Lichtanlage aus; welche Ausstattung schreibt der Gesetzgeber ansonsten vor?
JAN BEGEMANN: Nach meiner Kenntnis werden Kinderspielräder bis 18 Zoll Radgröße als Spielzeug deklariert und sind damit also ohnehin nicht für den öffentlichen Straßenverkehr zugelassen. Mal von der Gesetzeslage abgesehen ist es so, dass diese Räder zum Erlernen des Radfahrens gedacht sind. Das heißt: Egal, ob das Rad StVZO-konform ist oder nicht, das Kind besitzt in diesem frühen Stadium ohnehin nicht die Fähigkeit, am öffentlichen Straßenverkehr teilzunehmen, denn es lernt ja gerade erst, wie man Rad fährt.

Folgt das Kinderstraßenrad allen Vorgaben der StVZO für Räder Erwachsener?
JAN BEGEMANN: Das Kinderstraßenrad nimmt auf dieselbe Weise am öffentlichen Verkehr teil, wie jedes andere Rad auch. Dementsprechend gelten auch dieselben Regeln beziehungsweise Vorgaben der StVZO. Dass nach meinem Dafürhalten die gesamte StVZO im Bereich Fahrrad dringend überarbeitet werden sollte, steht auf einem anderen Blatt. Insbesondere für Kinder halte ich eine Lichtanlage mit Standlichtfunktion für unabdingbar.

Wann raten Sie den Wechsel vom Spiel- aufs Straßenrad?
JAN BEGEMANN: Wenn das Kind von der Konzentrationsfähigkeit und der Beherrschung des Fahrrades dazu in der Lage ist, das Fahrrad sicher im Verkehr zu bewegen. Der Fahrradführerschein und die Verkehrserziehung durch die Verkehrswacht an den Schulen leisten da gute Dienste. Aber wie immer im Leben gibt es auch hier Früh- und Spätentwickler, sodass eine konkrete Altersangabe kaum möglich ist.

An welchen Bauteilen des Kinderstraßenrades ist Qualität besonders wichtig?
JAN BEGEMANN: Ehrlich gesagt fällt es mir schwer, ein „unwichtiges" Bauteil an einem Kinderrad zu entdecken. Bauteile wie Bremsen, Lenker oder die Gabel sind verantwortlich für die Sicherheit des Kindes und deshalb natürlich „besonders wichtig". Der Ständer wiederum wäre nicht sicherheitsrelevant, aber das macht ihn ja nicht unwichtig, denn nichts ist nerviger als ein schlechter Ständer, mit dem das Rad ständig umfällt.

Empfehlen Sie eine Schaltung am Kinderspielrad?
JAN BEGEMANN: Nein. Für ein Spielrad gilt: Es muss einfach, unkompliziert und robust sein. Das Kind sollte beim Erlernen des Radfahrens seine volle Aufmerksamkeit den elementaren Funktionen widmen können. Das Bedienen der Schaltung gehört eindeutig nicht dazu. Im Gegenteil, die Schaltgriffe sind ohnehin viel zu groß für kleine Kinderhände, und eine Schaltung würde das Gewicht des Rades deutlich erhöhen und damit das Handling für das Kind erschweren.

Wie viele Gänge sollte das Kinderstraßenrad haben?
JAN BEGEMANN: Das kann eigentlich nur individuell beantwortet werden. Je nach Geschick, topografischen Gegebenheiten, körperlicher Verfassung, eigenen Wünschen und elterlichem Budget. Anfangs drei bis sieben, später gerne auch mehr. Grundsätzlich gilt immer: Der Mensch ist ein bescheidener Motor und bietet nur eine vergleichsweise geringe Leistung in einem schmalen Drehzahlband. Daher bedarf es eines guten, eng abgestuften Getriebes, um die Leistung optimal auf die Straße zu bringen.

Ketten- oder Nabenschaltung – was ist besser und warum?
JAN BEGEMANN: Auch diese Frage kann eigentlich nur individuell beantwortet werden und hängt sehr stark von den persönlichen Wünschen und Bedürfnissen ab. Besonders in Norddeutschland bevorzugen viele Käufer (also die Eltern des Kindes) die Nabenschaltung mit drei oder sieben Gängen. Sie ist leicht zu bedienen, wartungsarm und besitzt eine Rücktrittbremse, was für viele Eltern ein wichtiger Sicherheitsaspekt ist. Umgekehrt haben Räder mit Kettenschaltungen besonders in hügeligen Regionen ihre Vorteile, denn sie sind in der Regel leichter und besitzen ein größeres Übersetzungsspektrum.

Kinder, die mit dem Rad zur Schule fahren, sind garantiert wach und lernen besser. Versprochen!

Was Kinder im Verkehr können

Aus dem kindlichen Wissen um die Verkehrsgefahren darf nicht abgeleitet werden, man müsse seine Kinder nur zu vorsichtigem Verhalten ermahnen, dann würde schon nichts passieren. Denn aufgrund ihrer körperlichen und geistigen Entwicklung können Kinder den Anforderungen des Straßenverkehrs kaum gerecht werden. Ihre geringere Körpergröße bewirkt, dass sie schlechter wahrnehmen, was um sie herum im Verkehr passiert; dazu kommt ein im Vergleich zu Erwachsenen deutlich kleineres Blickfeld – was wir aus den Augenwinkeln noch wahrnehmen, können Kinder nicht sehen. Die im Straßenverkehr essenzielle Fähigkeit, Entfernungen und Geschwindigkeiten richtig einzuschätzen, ist selbst bei älteren Grundschulkindern noch nicht vollständig vorhanden; erst mit etwa acht Jahren können sie im Straßenverkehr Höreindrücke richtig verarbeiten. Und auch impulsives Verhalten, leichte Ablenkbarkeit, mangelndes Gefahrenbewusstsein und die Unfähigkeit, neben ihrem eigenen Tun permanent das Treiben um sie herum im Kopf zu haben, macht Kindern im Verkehr zu schaffen.

Raus aus dem Auto!

Seine Kinder aus diesen Gründen nicht alleine vor die Tür zu lassen, ist jedoch keine Lösung. Ebenso könnte man ihnen den Besuch von Spielplätzen verweigern oder sie noch mit fünf Jahren nur an der Hand die Treppe heruntergehen lassen. Verkehrskompetenz ist nichts, was man durch ein paar Stunden auf dem Verkehrsübungsplatz bekommt – sie ist das Resultat aus Erfahrungen, dem Folgen von Vorbildern und eigenem Erleben. Eltern müssen dafür sorgen, dass ihre Kinder dazu früh genug Gelegenheit haben; daraus wird jedoch nichts, wenn die Kleinen immer nur im Auto herumkutschiert werden.

Für das eigene Kind mag es im Moment sicherer sein, langfristig ist jede Autofahrt aber eine verpasste Chance für den Nachwuchs, im Schutz seiner Eltern Erfahrungen im Verkehr zu sammeln – sei es radelnd auf dem Bürgersteig, zu Fuß an Mamas oder Papas Hand oder in Bus und Bahn. Für alle Kinder, die nicht mit im Auto sitzen, stellt jede zusätzliche Autofahrt ohnehin eine Gefährdung dar; Umweltaspekte und Kosten wollen wir an dieser Stelle gar nicht erwähnen.

Von klein auf achten Kinder genau darauf, was ihre Eltern tun, und die Teilnahme am Verkehr macht da keine Ausnahme. Zu schnell mit dem Auto un-

FAHRRADHELM

Ellen Haase, Polizei Gütersloh

Das Tragen eines Fahrradhelmes ist bisher nicht Pflicht in Deutschland. Die Helmtragequoten der Grundschulkinder sind bereits recht hoch, bei den Schülern der weiterführenden Schulen sinken die Tragequoten noch immer rapide. Also sollten Sie versuchen, das Helmtragen bei Ihrem Kind konsequent einzufordern und zu kontrollieren sowie selbst mit gutem Beispiel vorangehen. Nur was man Kindern vorlebt, kann man langfristig von ihnen verlangen. Und „zu heiß" oder „zu kalt" sind keine Gründe, auf den im Ernstfall lebensrettenden Helm zu verzichten! Zur kalten Jahreszeit sollten gute, nicht zu dicke Helmunterziehmützen zur Ausstattung des radelnden Kindes gehören. Erkundigen Sie sich im Fachhandel danach. Übrigens: Gute Helme gibt es bereits für wenig Geld.

Geeignetes, eindrucksvolles Unterrichtsmaterial zum Thema Fahrradhelm hat jede Grundschule in Deutschland innerhalb der Aktion ***www.fahrradhelm-macht-schule.de*** *im Jahre 2010 bekommen.*

Für die vorsichtigen Eltern: Schauen Sie in die Gesichter, schauen Sie auf die Knie. Alles in Ordnung. Geht doch!

terwegs sein, zu Fuß bei Rot über die Ampel und abends ohne Licht – wer sich so verhält, macht es seinen Kindern nur unnötig schwer, partnerschaftliches, verantwortungsvolles Verhalten im Verkehr zu erlernen. Gerade Radfahrer müssen sich da leider an die eigene Nase fassen – das umweltfreundlichste aller Verkehrsmittel zu nutzen, verleiht weder einen Heiligenschein noch macht es unverwundbar.

Langsamer Eintritt

Bis zu einem Alter von acht Jahren müssen Kinder auf dem Bürgersteig radeln, bis sie zehn sind, dürfen sie es noch. Diese Regelung hat unter anderem den Hintergrund, dass die fürs Radfahren notwendigen psychomotorischen Fähigkeiten im Alter von sieben bis acht Jahren sprunghaft anwachsen. In dieser Lebensphase ist das Alter wichtiger für die Radfahrkompetenz der Kinder als ihre Erfahrung auf dem Rad; allerdings ist dies auch der Zeitpunkt, wo ein Radfahrtraining die Fähigkeiten der Kinder deutlich verbessert.
Um sich schrittweise dem Verkehrsgeschehen anzunähern, ist die Übergangsperiode zwischen Gehsteig- und Straßennutzung ein idealer Zeitraum. Dort, wo der Verkehr spärlich ist und langsam fließt, können Kinder die Benutzung der Fahrbahn einüben; dort, wo mehr Autos unterwegs sind und alles hektischer zugeht, können sie auf den Bürgersteig ausweichen. Je öfter man mit seinen Kindern dieses „Training" absolviert, desto sicher werden sie später eigenständig am Verkehr teilnehmen. Auch deshalb sollten sich Eltern angewöhnen, so viele gemeinsame Wege wie möglich mit dem Fahrrad zurückzulegen und dabei auf klaren Regeln bestehen: etwa dass stets ein Fahrradhelm getragen wird, oder dass stärker befahrene Straßen grundsätzlich nur schiebend an einer Fußgängerampel oder einem Zebrastreifen gequert werden.

Der lange Weg zur Radbeherrschung

Fahrradfahren lernen ist eine Sache von Stunden oder Tagen, könnte man denken, doch die ersten Schlangenlinien sind nur der Anfang eines Lernprozesses, der mit der Radfahrprüfung in der vierten Klasse der Grundschule längst noch nicht

Was Kinder können – und was nicht

Ellen Haase, Verkehrssicherheitsberaterin und Polizeihauptkommissarin bei der Polizei Gütersloh

Welche besonderen Gefahren birgt die Fahrradfahrt zur Schule?

ELLEN HAASE: Diese Frage muss man altersabhängig bewerten. Wir als Verkehrssicherheitsberater der Polizei empfehlen, nicht vor der Absolvierung der Radfahrprüfung, die in der Regel im vierten Schuljahr stattfindet, mit dem Rad zur Schule zu fahren, was Eltern aber häufig nicht einsehen wollen. Die „besonderen Gefahren" liegen unter anderem in entwicklungsbedingten Defiziten der Grundschulkinder, die man auch mit Übung nicht ausgleichen kann: Aufgrund ihrer geringeren Körpergröße können sie kaum über parkende Autos hinwegsehen, sehen dadurch weniger und werden auch schlechter gesehen. Heranfahrende Autos werden von Kindern häufig nicht wahrgenommen, denn das Blickfeld von Kindern ist bis zum Alter von etwa acht Jahren etwa ein Drittel kleiner als das der Erwachsenen, was viele Eltern gar nicht wissen. Kinder erkennen Gefahren deshalb später als Erwachsene. Außerdem ist es für sie schwieriger, die Geschwindigkeit herannahender Fahrzeuge richtig einzuschätzen und sich mit ihrem Verhalten darauf einzustellen. Kinder bis zum Alter von etwa acht Jahren sind ferner nicht in der Lage, die Richtung anzugeben, aus der ein Geräusch kommt. Sie „filtern" aus einer Fülle von Geräuschen das scheinbar für sie Wichtige heraus, andere Höreindrücke und damit mögliche Gefahren überhören sie. Nicht, weil sie es nicht hören wollen, sondern weil sie zum Beispiel ein Hupen in der Fülle der Geräusche nicht hören können.

Welche Fehler machen junge Radfahrer am häufigsten?

ELLEN HAASE: Kinder fahren immer schlechter Fahrrad, so auch das Ergebnis bundesweiter Studien. Hier rächen sich der allgemein zu beobachtende Bewegungsmangel der Kinder und ihre fehlende Übung im Schonraum. Es rächt sich aber auch, dass Eltern mit ihren Kindern zusammen zu wenig zu Fuß im Straßenverkehr unterwegs sind und ihnen daher die Verkehrssituationen zu wenig erklärt werden. So erwische ich noch regelmäßig Kinder selbst in sechsten Klassen, die nicht wissen, wer außer ihnen noch Grün hat, wenn sie selbst als Radfahrer bei Grün eine Radfahrerfurt nutzen: Sie haben sich noch nie über die linke Schulter zu möglichen Rechtsabbiegern umgedreht und die Gefahren von Abbiegern bisher gar nicht wahrgenommen. Kinder sind häufig in ihrer Koordination und ihrem Gleichgewichtsvermögen so schlecht entwickelt, dass sie etwa beim Umdrehen zu einem

››› Seite 101

BMX-RAD

BMX-Räder sind aufgrund ihrer stabilen Bauweise optimale Spielräder für Kinder. Typische Merkmale sind ein kompakter Stahlrahmen sowie 20-Zoll-Räder. Der Sattel ist niedrig positioniert, der Lenker hoch, zumal bei BMX-Rennen überwiegend im Stehen gefahren wird. Meist sind die Räder mit zwei Felgenbremsen ausgestattet, im Rennen wird nur mit hinterer Bremse gefahren. Eine Schaltung gibt es nicht. In der Disziplin „Freestyle" eingesetzte Modelle werden mit „Pegs" ausgestattet, auf die Radachsen gesteckte Fußrasten, sowie mit einem „Rotor", der ein freies Drehen der Lenkung ermöglicht, ohne dass sich die Bremszüge verheddern.

GEEIGNET ab ca. 5 Jahren
PREIS ab 150 Euro
TIPP Widerstehen Sie der Versuchung, als einziges Rad ein BMX-Modell zu kaufen. BMX-Räder sind Spiel- und Spaßgeräte, keine „Verkehrsmittel".

abgeschlossen ist. Das Fahrrad einigermaßen zu beherrschen und die wichtigsten Verkehrsregeln zu kennen, ist nämlich längst nicht alles, was man für eine sichere Verkehrsteilnahme braucht. Erst mit etwa 14 Jahren sind Kinder in ihrer Entwicklung so weit fortgeschritten, dass alle zum Radeln erforderlichen Fähigkeiten vollständig ausgeprägt sind. Solange nichts Unvorhergesehenes passiert, können auch Grundschulkinder recht sicher auf ihnen vertrauten Straßen fahren; plötzlich auftauchende Gefahrensituationen überfordern sie jedoch sehr schnell.

All dies macht es sehr schwierig, abzuschätzen, ab wann man seine Kinder alleine Rad fahren lassen sollte. Viel hängt natürlich von der jeweiligen Lebenssituation ab: Wer in einem verkehrsberuhigten Bereich wohnt, wo auf der Straße spielende Kinder ein alltäglicher Anblick sind, wird seinem Kind eher erlauben, zwei Straßen weiter zu einem Freund zu radeln, als jemand, der an einer Hauptverkehrsstraße zu Hause ist. Und auch die Topografie spielt eine Rolle. Steile Berge erschweren das Radfahren für Kinder; bergauf und bergab!

Streitthema Schulweg

Wie sieht es aber mit dem Schulweg aus? Die Aussage von Verkehrsexperten ist klar: Grundschulkinder sollten nicht ohne Begleitung ihrer Eltern zur Schule radeln – eine Empfehlung, die durchaus nachvollziehbar ist. So machen sich Kinder ausgerechnet dann auf den Weg zur Lernanstalt, wenn der Berufsverkehr seinen morgendlichen Höhepunkt erreicht. Die schlechten Sichtverhältnisse in der dunklen Jahreszeit, Müdigkeit aufseiten der Autofahrer und Eile bei den Kindern – dass dies eine gefährliche Mischung ist, beweist das Maximum bei den Schulwegunfällen zwischen sieben und acht Uhr morgens. Etwa ein Drittel aller Schüler legt den Schulweg per Fahrrad zurück; demgegenüber ist jeder zweite Schulwegunfall ein Fahrradunfall.

Solche Zahlen führen dazu, dass manche Grundschulen ihren Schülern verbieten, mit dem Rad zu kommen – allerdings ohne rechtliche Grundlage und für die Eltern nicht bindend. Auch die Behauptung, alleine zur Schule radelnde Grundschüler würden aus der gesetzlichen Unfallversicherung fallen, ist falsch. Die Radfahrprüfung nach der vierten Klasse ist natürlich eine sinnvolle Sache, aber keineswegs ein „Fahrrad-

Der Straßenverkehr ist kein Spielplatz. Wenn Kinder den Schonraum verlassen, müssen sie die Verkehrszeichen kennen und befolgen (können).

Freund die Fahrspur verlieren und Gefahr laufen, gegen ein Hindernis zu prallen. Kinder fahren häufig nebeneinander. Schon bei geringer Ablenkung führt dies gern zu Stürzen. Häufig beobachten wir bei größeren Kindern das Fahren mit MP3-Playern im Ohr. Viele Radfahrer wissen nicht, dass sie ihr Gehör nicht beeinträchtigen dürfen! Das Fahren mit einem Stöpsel im Ohr lenkt nicht nur ab, sondern verhindert räumliches Hörvermögen, das für die Orientierung im Straßenverkehr besonders wichtig ist.

Welchen Fehler können junge Radfahrer am einfachsten vermeiden? Wie?

ELLEN HAASE: Neben dem bereits Gesagten gilt: Mehr Bewegung, von klein an! Rollerfahren oder Laufradfahren sind gute Übungsmöglichkeiten im Schonraum. Auch mehr gemeinsam zu Fuß gehen wäre schon eine gute Alternative zum „Mama-Taxi" zur Schule und zu anderen Terminen und würde die Verkehrstauglichkeit der Kinder fördern.

Grundschulkinder sollten Radfahren im Schonraum üben. Eltern sollten das Radfahren zur Schule nicht zu früh beginnen. Das Mitfahren eines Erwachsenen bei einer gemeinsamen Fahrt mehrerer Kinder zur Schule könnte von Eltern organisiert werden.

Das Fahrrad sollte in verkehrssicherem Zustand sein und mit einer dynamobetriebenen Lichtanlage ausgerüstet sein, die das Kind auch selbst bedienen kann!

Welche Vorbildfunktion haben Eltern als Radler im Verkehr?

ELLEN HAASE: Natürlich ahmen Kinder das Verhalten von Erwachsenen nach und Erwachsene sind sehr häufig schlechte Vorbilder im Straßenverkehr. Sie nutzen zum Beispiel den falschen Radweg oder fahren bei Rot über Ampeln, geben keine Handzeichen beim Abbiegen oder queren eine Fahrbahn wenige Meter neben Ampeln oder Querungshilfen. Wenn man Eltern auf Fehlverhalten in Anwesenheit von Kindern anspricht, fühlen sie sich meist peinlich erwischt. Besseres elterliches Vorbild könnte helfen, unseren Kindern ein sicheres Verhalten im Straßenverkehr nahezubringen.

Welchen Tipp zur Streckenwahl können Sie radelnden Schülern geben?

ELLEN HAASE: Erkundigen Sie sich als Eltern bei Ihrer Schule oder Ihrem Schulträger nach Schulwegplänen und besprechen Sie die richtige Streckenwahl gerne auch mit dem für Sie zuständigen Verkehrssicherheitsberater Ihrer Polizei beziehungsweise Ihrem Bezirksbeamten der Polizei. Man wird Ihnen dort gerne beratend zur Seite stehen. Nicht immer ist der kürzeste Weg der sicherste.

Führerschein", den Kinder zum selbstständigen Radeln benötigen.

Was spricht dafür, Kinder schon in jungen Jahren in den Straßenverkehr zu entlassen? Ihnen zu ermöglichen, stolz auf die eigene Selbstständigkeit zu sein, macht nur dann Sinn, wenn sie wirklich selbstständig sind – alles andere wäre nur Augenwischerei. Und man tut seinen Kindern auch keinen Gefallen damit, ihnen die Verantwortung für etwas zu übergeben, das sie noch nicht leisten können. Auch praktische Erwägungen sollten bei der Schulwegfrage keine Rolle spielen – etwa, dass die Eltern den Weg zur Schule nicht mehr so einfach in ihren eigenen Arbeitsalltag einbauen können.

Letztlich ist es also nur dann angebracht, seine Kinder alleine zur Grundschule radeln zu lassen, wenn das Kind es will und sich die Eltern sicher sind, dass es mit den Anforderungen des Straßenverkehrs überdurchschnittlich gut zurechtkommt. Kinder, die früh Radfahren gelernt haben und schon lange in Begleitung ihrer Eltern unterwegs sind, können tatsächlich sicherer auf den Straßen sein, da sie weniger Aufmerksamkeit auf die Beherrschung des Fahrrades richten müssen und sich daher stärker aufs Verkehrsgeschehen konzentrieren können – aber vielleicht verklären radaffine Eltern hier und da auch die Fähigkeiten ihrer Sprösslinge.

Nochmals zur Erinnerung: Das „mechanische Radfahren", das Steuern der Gefährts, mag ein Kind bereits mit sechs oder sieben Jahren erstaunlich virtuos beherrschen. Das Erfassen von Verkehrssituationen und die Interaktion mit anderen Verkehrsteilnehmern ist hingegen von Kindern unter acht Jahren kognitiv schlicht nicht zu leisten. Eine sinnvolle Alternative ist der Roller: Diesen beherrschen die Kinder spielerischer, er ist langsamer und sein Terrain ist der Bürgersteig. Große Modelle sind durchaus für Schulkinder passend.

Das richtige Training

Ob es sich um den Weg zur Grundschule oder zu einer weiterführenden Bildungseinrichtung handelt: Kein Kind sollte alleine zur Schule radeln, ohne dass die Eltern den Weg mit ihm eingeübt haben. Untersuchungen haben gezeigt, dass die wirkungsvollste Verkehrserziehung auf genau den Straßen stattfindet, die die Kinder auch benutzen. Denn bis zum Alter von etwa zwölf Jahren sind sie noch nicht in der Lage, das an einem Ort – etwa dem Verkehrsübungsplatz – Gelernte auf einen anderen Ort zu übertragen. Der Schulweg sollte also im Detail durchgesprochen werden, wobei es nicht reicht, zu sagen: „Hier musst du aufpassen!" Nötig ist eine genaue Erklärung der jeweiligen Gefahrensituation.

Eltern, die mit ihren Kindern zur Schule radeln, wählen auch für die gemeinsame Fahrt meist eine möglichst verkehrsarme Route, auch wenn sie länger ist. Von diesem Grundsatz sollte man natürlich nicht abweichen; allerdings sollten die Eltern bei der Schulwegplanung auch andere Faktoren berücksichtigen, die für ihre Kinder bedrohlich sein können. Führt der sichere Schulweg an einer Stelle vorbei, wo mittags eine Jugendgang herumlungert? Kein Problem, wenn Papa mitfährt – ist das Kind jedoch allein unterwegs, weicht es vielleicht auf eine andere Strecke aus, um die (vermeintliche) Gefahr zu umgehen. Eltern sollten ihr Kind immer wieder begleiten und kontrollieren, ob sich der eingeübte Weg irgendwie verändert hat, etwa durch eine Baustelle oder eine neue Vorfahrtsregelung.

Zu bedenken ist nicht zuletzt, dass sich Kinder in Begleitung ihrer Eltern manchmal anders verhalten, als wenn sie allein unterwegs sind, und dass dem gemeinsamen Radfahren mehrerer Kinder eine Eigendynamik innewohnen kann, die für den Moment stärker ist als die elterliche Verkehrserziehung.

Eines ist jedoch klar: Irgendwann müssen die jungen Radfahrer in die Selbstständigkeit entlassen werden. Die Eltern können den Zeitpunkt zwar mitbestimmen, aber am Ende müssen sie doch loslassen. Mit dieser Tatsache im Hinterkopf sollten sie bestrebt sein, ihren Kindern ein möglichst gutes Rüstzeug mit auf den Weg zu geben. Dazu gehört auch, den Kindern die Gefahren des Radelns im Straßenverkehr deutlich zu machen, ohne ihnen dabei zu vermitteln, Radfahren an sich sei gefährlich. Ihren Kindern die Fähigkeit zur sicheren Teilnahme am Straßenverkehr zu vermitteln ist das erste Ziel, das Eltern verfolgen sollten; das zweite ist, ihnen das Radfahren als attraktive Mobilitätsvariante sozusagen in die Wiege zu legen. Je mehr (junge) Menschen das Fahrrad zum Zurücklegen ihrer alltäglichen Wege nutzen, desto sicherer wird das Radfahren für alle sein. Diese Entwicklung voranzutreiben, ohne unsere Kinder unnötigen Risiken auszusetzen – das ist die Herausforderung, vor der fahrradliebende Eltern stehen.

FÜNF RECHTSFRAGEN ZU KINDERN UND RADFAHREN

1 MINDESTALTER UND GEHWEGBENUTZUNG

Ab welchem Alter dürfen Kinder im Straßenverkehr Rad fahren?

Ein Mindestalter ist nicht vorgeschrieben. Kinder bis zum vollendeten achten Lebensjahr MÜSSEN mit dem Fahrrad den Gehweg benutzen, bis zum 10. Geburtstag DÜRFEN sie es. Weitgehend unbekannt ist die Vorschrift, dass sie dann beim Überqueren einer Fahrbahn absteigen müssen.

2 FAMILIENAUSFLUG

Wo fahren Eltern mit ihren Kindern, wenn sie gemeinsam unterwegs sind?

Kinder unter acht Jahren müssen auf Gehwegen fahren, Erwachsenen ist das verboten. Getrennt zu fahren mag dem Gesetz entsprechen, doch häufig können die Eltern dann ihre Aufsichtspflicht nicht erfüllen, weil parkende Autos den Blick auf den Gehweg versperren. Verkehrsjuristen halten es deshalb für erlaubt, dass Kinder entgegen dem Wortlaut der StVO in erwachsener Begleitung auf dem Radweg oder auf der Fahrbahn fahren.

3 RADFAHRVERBOT FÜR GRUNDSCHÜLER?

Darf die Schulleitung Schülern verbieten, mit dem Rad zur Schule zu fahren, wenn sie nicht die Radfahrprüfung im vierten Schuljahr abgelegt haben?

Für ein solches Radfahrverbot gibt es keine gesetzliche Grundlage: Die Aufsichtspflicht der Schule erstreckt sich nicht auf den Weg zur Schule oder von der Schule nach Hause. Für diesen Schulweg sind die Eltern selbst verantwortlich. Der Schutz der gesetzlichen Unfallversicherung auf dem Schulweg besteht auch dann, wenn Schüler entgegen einer Empfehlung der Schule mit dem Rad zur Schule fahren. Über ein Radfahrverbot der Schule können die Eltern sich deshalb ohne nachteilige rechtliche Folgen hinwegsetzen. Dafür, dass ihr Kind sein Fahrrad beherrscht und die Verkehrsregeln kennt und befolgt, müssen sie dann allerdings selbst sorgen.

4 HAFTUNG UND HAFTPFLICHTVERSICHERUNG

Was ist, wenn mein Kind mit dem Fahrrad einen Schaden anrichtet?

Kinder unter zehn Jahren sind bei Unfällen mit Kraftfahrzeugen nicht verantwortlich. Da diese Haftungsbeschränkung für Schäden an ordnungsgemäß geparkten Autos nicht gilt und Kinder ab sieben Jahren für Zusammenstöße mit Radfahrern oder Fußgängern haften können, ist eine Familienhaftpflichtversicherung dringend zu empfehlen. Sie ist preiswert und deckt auch Aufsichtspflichtverletzungen der Eltern ab.

5 FAHRRADANHÄNGER/VERSICHERUNGSSCHUTZ

Wie kann ich meinen Fahrradanhänger gegen Diebstahl versichern?

Beim Einbruchdiebstahl aus versicherten Räumen (Wohnung, Keller, Garage; ein Carport genügt nicht) ersetzt ihn die Hausratversicherung. Außerhalb davon bietet eine zusätzliche Fahrraddiebstahlversicherung Schutz, die Fahrradanhänger ausdrücklich einbezieht. Wenn der Anhänger nach älteren Versicherungsbedingungen als „Fahrradzubehör" gilt, wird die Entschädigung nur gezahlt, wenn er zusammen mit dem Fahrrad abhandengekommen ist. Neuere Verträge verzichten auch auf die problematische „Nachtzeitklausel", die den Versicherungsschutz zwischen 22.00 und 6.00 Uhr einschränkt.

Roland Huhn,
Rechtsreferent des Allgemeinen
Deutschen Fahrrad-Clubs

KETTLER

RADFAHREN ALS KINDERSPORT

Vom Spielrad zum Radsport

KINDER-MOUNTAINBIKE

Geländegängige Räder werden bereits für Kinder ab etwa sechs Jahren angeboten. Allerdings sind die meisten Kinder-MTBs technisch überladen, ohne dabei mehr Fahrspaß zu bieten. Die vielfach verbauten Federgabeln oder gar Vollfederungen sind mit Rücksicht auf den Preis meist so simpel konstruiert, dass sie bei dem niedrigen Fahrergewicht kaum ansprechen und überdies das Gewicht nach oben treiben – viele Kinder-MTBs wiegen ebenso viel wie Offroader für Erwachsene.

Ein Geländerad für kleinere Kinder sollte vor allem leicht sein, damit es sich gut handhaben lässt. Eine Kettenschaltung mit sieben bis neun Ritzeln ist ausreichend; die Bedienung eines Dreifach-Kettenblattes ist vielen Kindern zu hoch. Voluminöse, profilierte Reifen sorgen für Dämpfung und guten Bodenkontakt. Auch beim Kinder-MTB sollte auf eine eher aufrechte Sitzposition geachtet werden, die im Gelände einen guten Überblick bietet.

GEEIGNET ab ca. 6 Jahren
PREIS ab 300 Euro
TIPP Stellen Sie sicher, dass die Federgabel beim Gewicht Ihres Kindes auch wirklich funktioniert. Im Zweifelsfall lieber ein Modell mit starrer Gabel wählen.

Kinder, und nicht nur Jungen, lieben den sportlichen Wettbewerb, das Kräftemessen, um herauszufinden, wer der Beste ist und wo sie stehen. Außerdem lieben Kinder es, sich zu bewegen, ohne Rücksicht auf den Muskelkater am nächsten Tag und ohne Angst vor Schrammen und blutigen Knien.

Fahrradfahren fordert Kinder gleich auf mehreren Ebenen heraus. Einerseits spricht es die athletischen Fähigkeiten an – schnell ist, wer kräftig treten kann und nicht so bald außer Puste kommt. Radfahren hat aber auch viel mit Koordination und Körperbeherrschung zu tun, appelliert ebenso an die Geschicklichkeit wie an die Kraft. In der frischen Luft durch die Stadt und die Natur zu rollen, sich unabhängig zu machen und schnell überallhin zu kommen, vermittelt dazu ein Gefühl der Freiheit. Und nicht zuletzt gehört zum Radfahren auch die Freude am Sportgerät: Faszination der Technik ebenso wie Besitzerstolz.

Kein Wunder also, dass Kinder das Fahrradfahren lieben, und dass viele irgendwann den Schritt vom spielerischen Radfahren zum Radsport tun.

Zahlreiche Einzeldisziplinen locken radsportinteressierte Kinder und Jugendliche. Meist denkt man als Erstes an den Straßenrennsport, vielleicht auch noch ans Mountainbiken, doch daneben gibt es den Bahnradsport, die Disziplinen des Hallenradsports wie Radball und Kunstradfah-

Radsport für Kinder I

Elisabeth Brandauer, Jahrgang 1985, ist Mountainbikeprofi im Central Haibike Pro Team

Wie bist du zum Radsport gekommen?
ELISABETH BRANDAUER: Ich bin schon immer gern Rad gefahren mit meinem Bruder und meinem Vater, meistens im Wald. Als es vom RSC Schönaich in den Sommerferien 1998 mal ein Wettkampfprogramm gab (Zeitfahren 200 Meter, Geschicklichkeit und kleines Rennen), habe ich dort erfolgreich teilgenommen. Es machte mir Spaß und der Verein fragte mich, ob ich mal an einer Ausfahrt teilnehmen wollte. So kam ich mit dem alten Stahlrennrad meines Vaters zum ersten Mal zum Rennradfahren. Es machte Spaß und so ging's los.

Wann stellten sich die ersten Erfolge ein?
ELISABETH BRANDAUER: Auf der Straße habe ich schon im zweiten Jahr den Sprung in den württembergischen Landeskader gemacht, und Ende des Jahres 2000 war ich im Nationalkader der Jugendfahrerinnen. Im zweiten Jahr Jugend wurde ich schon Zweite auf der Straße, und bei den Juniorinnen holte ich mir bei der Deutschen Meisterschaft den Bergtitel und war bei den Weltmeisterschaften dabei. Auch im Mountainbikebereich ging es sehr flüssig. Im ersten MTB-Jahr wurde ich sofort DM-Marathonmeisterin und fiel auf. Nur ist der MTB-Kader auf die olympische Disziplin CrossCountry spezialisiert, und somit musste ich mich im zweiten Jahr MTB darin beweisen. Es klappte und ich war bei der WM dabei.

Wie haben deine damaligen Freunde darauf reagiert?
ELISABETH BRANDAUER: Es änderte nicht viel. Neider gibt es immer, wenn man sportlich erfolgreich ist oder einfach andere Interessen und Ziele verfolgt. Ich habe eine Freundin aus Gymnasiumszeiten – unsere Hobbys sind zwar total unterschiedlich, aber auch sie hat ihr Ziel erfolgreich verfolgt. Dann freut man sich gemeinsam an Erreichtem und man probiert auch Neues aus. Zusätzlich kamen durch den RSC Schönaich noch gleich gesinnte Sportler, und da findet man einige Freunde. Allerdings mehr Jungs als Mädels.

Was für Tipps kannst du Eltern radsportinteressierter Kinder geben?
ELISABETH BRANDAUER: Einfach fahren lassen, ausprobieren lassen und unterstützen, wenn sie in den Bikepark wollen oder Ausfahrten vorhaben. Am besten versuchen, einen Verein zu finden. Da gibt es dann auch andere Jungs und Mädels oder auch Eltern, die gemeinsam helfen können. Keine Angst haben – den Kindern passiert selten etwas und je jünger sie sind, desto weniger. Natürlich auch auf die Ausrüstung achten: Helm, Bekleidung und Schuhe.

Welche Tipps kannst du radsportinteressierten Kindern/Jugendlichen geben?
ELISABETH BRANDAUER: Spaß haben und sich nicht von anderen unter Druck setzen lassen. Sich austauschen mit anderen aus den Vereinen und auch auf das Material achtgeben. Dann sehen eure Eltern, dass es euch etwas wert ist, und sie unterstützen euch umso mehr. Natürlich auch die Schutzausrüstung benutzen, dann macht es viel länger Spaß. Es gibt in den Vereinen genauso viele Jungs und Mädels wie auf der Straße und in der Schule. Und mit denen kann man auch feiern und Ausflüge unternehmen.

JUGENDRENNRAD

An Kinder und Jugendliche angepasste Rennräder sind Mangelware, und auch 26-Zoll-Bikes für Frauen bieten nur wenige Hersteller an. Das führt zu dem Problem, dass auch bei kleinen Rahmen die Tretlagerhöhe meist zu groß ist und kleinere Fahrer mit den Füßen kaum auf den Boden kommen, vor allem natürlich bei 28-Zoll-Rädern. Sinnvoll ist in jedem Fall ein Rahmen mit abfallendem Oberrohr („Sloping-Form"), damit das Kind überhaupt über dem Rad stehen kann.
Wichtig sind kindgerechte Komponenten wie schmalerer Sattel und Lenker und ein kürzerer Vorbau, damit das Kind nicht zu gestreckt auf dem Rennrad sitzt. Die kombinierten Schalt-/Bremsgriffe am Rennrad sind an die Hände erwachsener Fahrer angepasst und lassen sich von Kindern nicht unbedingt optimal bedienen, zusätzliche Bremsgriffe am Oberlenker sind also sinnvoll. Rennräder für Kinder sind meist mit Zweifach-Kettenblatt und Neunfach-Zahnkranz ausgestattet, die Übersetzung ist insgesamt leichter. Für den Rennsport gibt es diesbezüglich genaue Vorgaben.

GEEIGNET ab ca. 8 Jahren
PREIS ab 600 Euro
TIPP Nehmen Sie sich Zeit für den Kauf, haben Sie auch Internetforen im Blick. Es gibt einen kleinen, aber regen Markt für Kinderstahlrennräder aus der Blütezeit des italienischen Rahmenbaus. Kaufen Sie niemals (!) ein Kinderrennrad mit Schlauchreifen. Die Folgekosten sind verheerend.

ren, Radpolo, den Querfeldeinsport und nicht zuletzt BMX, Trialsport und das Einradfahren. Alles Randsportarten im Vergleich zum allgegenwärtigen Fußball, doch viele Kinder begeistern sich irgendwann für eine dieser Disziplinen. Oft sind es natürlich die Eltern oder nahe Verwandte, die die Kinder an den Sport heranführen – wer schon als Kleinkind am Streckenrand zuschaute, will irgendwann auch selbst mitfahren. Und gerade bei den kleineren Radsportdisziplinen wie dem Kunstradfahren gibt es regelrechte Hochburgen, in denen der Eintritt in den Verein so normal ist wie anderswo die Mitgliedschaft in der Fußballmannschaft. Doch auch die Tour-de-France-Übertragung im Fernsehen, ein lokales Radrennen oder das Beobachten von Mountainbikern im Stadtwald kann so viel Faszination auf Kinder ausüben, dass für sie feststeht: Das will ich auch machen. Nämlich Radsport betreiben.

Wettkampf- oder Breitensport?

Gerade in den olympischen Sportarten ist die Förderung des Nachwuchses für den Wettkampfsport das Hauptanliegen der Sportverbände – da macht der Bund Deutscher Radfahrer (BDR) keine Ausnahme. Doch im Nachwuchsbereich geht es auch um ein „lustbetontes", durchaus disziplinübergreifendes Training, das Kindern den Spaß am Radfahren nahebringen will. Nicht zuletzt kann auch der Breiten- und Hobbysport dem Einstieg in den Wettkampfsport vorausgehen. In den weniger technisch ausgeprägten Disziplinen kann auch ein Athlet Höchstleistungen erbringen, der erst im Teenageralter den Weg in den Sport gefunden hat.
Messbare Leistungen und der Wunsch, schneller und besser zu sein als andere, haben für viele Kinder einen hohen Stellenwert. Ob ein Kind eher die Freude an der Bewegung sucht oder den sportlichen Wettkampf, ist eine Charakterfrage; außerdem kommt es natürlich darauf an, wie es Radsport erlebt. Fahren die Eltern sportliche Touren oder ist der Lieblingsonkel Rennfahrer? Letztlich liegt es auch am radsportlichen Angebot, für welche Disziplin sich das Kind entscheidet – und natürlich am Alter.

Wo sind die Verfolger? Radsport für Kinder ist Spaß, Bewegungstraining und spielerischer Wettstreit.

Mit 18 ist es anders, aber mit acht Jahren geht es auch im Radsport vor allem um Spaß und Entdeckungen.

Viele Disziplinen

Beim Kunstradfahren etwa liegt das optimale Einstiegsalter zwischen fünf und sieben Jahren. Da der Schwerpunkt hier auf der artistischen Körperbeherrschung liegt, ähnlich wie beim Kunstturnen, ist ein früher Einstieg sinnvoll; verlorene Jahre lassen sich unter Umständen nie wieder aufholen. Früh los geht es auch beim BMX-Fahren: Hier liefern sich bereits Fünfjährige Rennen auf der hügeligen 400-Meter-Bahn. Die Mischung aus Wettkampffieber und Geschicklichkeitsprüfung, zusammen mit den kurzen Renndistanzen, ergibt die vielleicht kindgerechteste Radsportdisziplin, zumal das BMX-Rad auch in der Freizeit zum spielerischen Üben artistischer Radfahrtricks genutzt werden kann.

Stärker in Richtung Ausdauersport, jedoch mit deutlichem Fokus auf Fahrgeschick und Radbeherrschung, geht das Mountainbiken. Oft sind Eltern bereits mit ihrem Kleinkind im geländegängigen Einspuranhänger auf den Naturpisten unterwegs; sobald der Nachwuchs alt genug ist, um eigenständig zu biken, wird auf einen Kinder-Offroader gewechselt. Da der MTB-Sport abseits des Straßenverkehrs stattfindet, ist er ein idealer Familien- und Kindersport; die enge Verknüpfung von Leistungs- und Breitensport ermöglicht älteren Kindern und Jugendlichen eine Annäherung an das Renngeschehen ohne übermäßigen Leistungsdruck.

Faszination Rennradfahren

Rennradfahren ist eine faszinierende Sportart, die in Deutschland immer mehr Anhänger findet – allerdings eher bei der 30-plus-Generation. Gut durchorganisierte Breitensport-Events haben regen Zulauf, die Basis dagegen klagt über Nachwuchsprobleme.

Kein Wunder, denn um sich den Wunsch zu erfüllen, Radrennen zu fahren, ist ein zeitintensives Trainingsprogramm nötig. Schon für neun- bis zwölfjährige Anfänger sieht der BDR Umfänge von 3000 Kilometern pro Jahr vor – ein Pensum, das von weniger ambitionierten Kindern schnell als eintönig empfunden werden kann. Nicht zu vergessen ist, dass das Training auf der Straße bei Kindern eine hohe Verkehrskompetenz voraussetzt – allzu früh sollte der Einstieg also nicht stattfinden. Um für Abwechselung zu sorgen, steht bei vielen Vereinen auch der Bahn- und Querfeldeinradsport auf dem

Radsport für Kinder II

Frieder Uflacker, Rennradamateur (A-Klasse) und Coach bei Personal-Sports.info

Welches Leistungsvermögen haben Kinder in welcher Alterstufe?

FRIEDER UFLACKER: Das Leistungsvermögen von Kindern hängt insbesondere in jungen Jahren vor allem von ihren koordinativen Fähigkeiten ab, also wie gut, treffsicher beziehungsweise präzise und ökonomisch sie (komplexe) Bewegungen ausführen können. Man kann sagen: Je höher koordinative Fähigkeiten wie Gleichgewicht, Rhythmus, Kopplung von Einzelbewegungen und so weiter ausgeprägt sind, desto höher ist die Leistungsfähigkeit von Kindern. Obwohl eine Reihe von Leistungen bei Kindern im Zuge ihrer Reifung in gewisser Weise einfach spontan und damit ohne wirkliches Lernen möglich werden (zum Beispiel gehen/laufen, später rennen können), spielt dennoch immer ein förderndes Umfeld begünstigend in die Leistungsentwicklung hinein.

Abgesehen von bestimmten motorischen Grundfertigkeiten, die auch von Kinderärzten routinemäßig gecheckt werden, ist es kaum möglich oder sinnvoll, für bestimmte Altersstufen komplexe motorische Fertigkeiten festzulegen oder starr einzufordern. Die Schere unterschiedlicher körperlicher sowie psychischer Voraussetzungen, Neigungen und Begabungen geht auch bei Kindern schon auseinander, was sich im späteren Jugend- und Erwachsenenalter nur noch deutlicher zeigen wird.

Wie viel Kilometer oder Zeit kann ein Acht- oder Neunjähriger auf dem Rad zurücklegen beziehungsweise verbringen?

FRIEDER UFLACKER: Das hängt vor allem davon ab, wie viel Lust oder Motivation ein Kind dazu hat. Auch wenn erst nach dem „goldenen Lernalter" um zehn Jahre herum (+/–3 Jahre), nämlich im Verlauf der Pubertät bis weit in die Adoleszenz hinein die Bereiche Ausdauer und Kraft wesentlich entwickelt werden können, verfügen bereits die Kleinen über ein beachtliches Maß an Ausdauer. Für viele Kinder in diesem Alter wäre es körperlich kein Problem, 15 Kilometer oder mehr mit dem Fahrrad zurückzulegen. Vielmehr ist es die Langeweile im Sattel, die Kinder an längeren Strecken scheitern lässt, bevor sie körperlich erschöpft sind. Je mehr Abwechslung, ja Ablenkung vom monotonen Dahinkurbeln während einer Ausfahrt also im Spiel ist (Stichwort Entdeckungsreise), desto länger kann die zurückgelegte Gesamtstrecke ausfallen.

Wie viel ein Elfjähriger?

FRIEDER UFLACKER: Elfjährige sind im Zuge ihres fortgeschrittenen Wachstums gegenüber Acht- oder Neunjährigen natürlich körperlich weiter entwickelt. Darüber hinaus sind Kinder in diesem Alter schon mehr in der Lage, sich selbst beim Radfahren zu belohnen, was zu weniger oder erst zu späterer Zeit erlebter Langeweile beim Fahrradfahren führt. Eine gesteigerte Sattelfestigkeit, die durchaus maximale Streckenlängen von 30 bis hin zu 50 Kilometern am Tag umfassen kann, geht damit primär wiederum auf das Konto einer ausdauernden

Die größte Gefahr für junge Sportler sind übermotivierte Eltern ...

>>> Seite 113

Programm; im Winter werden beim Hallentraining Ausdauer und Koordination trainiert.
Kinder und Jugendliche, die sich in einer Phase des Ausprobierens befinden, sind beim Rennrad-Breitensport unter Umständen besser aufgehoben – zumal, wenn sie mehr die Bewegung auf dem eleganten Sportgerät reizt als der Wettbewerb. Den Einstieg in den Rennsport können sie auch später noch schaffen.
Disziplinübergreifend bieten die meisten Radsportvereine Neueinsteigern Leihräder an; „Erster-Schritt-Rennen" auf der Straße und im Gelände können auch mit normalen Fahrrädern bestritten werden. Erst wenn sich die Begeisterung für eine Radsportart wirklich verfestigt hat, sollte das entsprechende Fahrrad angeschafft werden; wie alle Kinderfahrräder sind aber auch spezielle Sporträder auf dem Gebrauchtmarkt sehr gefragt. Kein Kind sollte also mit dem Verweis auf die Investition dazu genötigt werden, einen Sport weiterzubetreiben, der ihm doch nicht so viel Freude macht wie anfänglich gedacht. Wenn die Anforderungen nach einigen Monaten der Schonzeit größer werden und der Leistungsdruck auch im Kameradenkreis wächst, vergeht vielen Kindern zu Recht die Lust. Auch aus diesem Grund sollten Eltern einen Sportverein genau unter die Lupe nehmen. So kann man etwa herausfinden, ob Kindern neben dem leistungsbetonten Wettkampfsport Alternativen offenstehen, das Radfahren zu betreiben.
Gerade der Rennrad- und Mountainbikesport artet vielfach zur Materialschlacht aus. Wenn Zehnjährige mit Carbonrädern an der Startlinie stehen, verdreht mancher alte Hase die Augen und denkt an das einfache Material zurück, mit dem er in jungen Jahren Rennen fuhr. Die übertriebene Technikversessenheit der Eltern ist eine Form subtilen Leistungsdruckes, die die Kinder zu spüren bekommen. Sie müssen sich noch stärker beweisen gegen Kameraden, die bescheidener ausgestattet sind, und letztlich führt diese Form der Übersättigung oft genug dazu, dass der Sport seinen Reiz verliert, weil er zu sehr aufs Sportgerät und zu wenig auf das Radfahren selbst fokussiert ist.
Gerade kleinere, lokale Radrennen bieten eine gute Möglichkeit zum Einstieg in den Straßenradsport. Oft werden vor den Hauptrennen Erster-Schritt-Wettbewerbe für Kinder angeboten, die bei Rundstreckenrennen etwa über eine Runde gehen, also meist weniger als anderthalb Kilometer. Für die Kleinen ist das ein unvergessliches Erlebnis: Mit einer echten Startnummer auf dem Rücken und von den Zuschauern angefeuert, können sie über eine echte Rennstrecke flitzen! Viele erfolgreiche Rennfahrer haben sich genau so mit dem Radsport-Bazillus infiziert. Schon einmal ein „Rennen" gefahren zu sein, stärkt auch das Selbstbewusstsein der jungen Radler und macht den Eintritt in einen Verein leichter, wo sie sich gegen viele junge Cracks behaupten müssen.

Ohne geht es nicht: Radsport im Verein

Wer Radrennen fahren will, muss einem Verein beitreten. Der Radklub leiht das erste Rennrad aus, organisiert das Training, besorgt die Lizenz und organisiert die Fahrt zu den Rennen. Er sorgt auch für den sozialen Rahmen, der ein unverzichtbarer Bestandteil allen Sporttreibens ist. Gerade für Kinder, deren Eltern keinen Bezug zum (Rad-) Sport haben, ist der Verein wichtig, um den Einstieg zu schaffen.
Sportvereine sind jedoch auch eine Welt für sich, oft familiär geprägt und nicht immer so durchlässig, wie das für Neuankömmlinge wünschenswert wäre. Der Gedanke, man könne sein Kind zum Training abliefern und sei damit fein raus, ist von daher nicht so gut – Eltern sollten (und müssen sogar, je nach Charakter des Kindes) teilnehmen am sportlichen Interesse ihres Nachwuchses und diesem so den Eintritt in die Welt des Vereinssports erleichtern. In einen Verein einzutreten, kann sich für Kinder ebenso anfühlen wie ein Schulwechsel. Es ist ein Eintritt in unbekanntes Terrain und in ein Umfeld, in dem sich alle anderen bereits kennen, und zu allem Überfluss können sie sich nicht gleich durch gute Leistungen beweisen, denn der Stoff, also die Sportart, ist ihnen auch noch neu.
Radsportvereine sind in der Regel froh über Nachwuchskräfte und tun viel, damit sich diese schnell wohlfühlen. Angst vor übertriebenem Leistungsstress müssen die Eltern nicht haben – Blitzkarrieren und Wunderkinder sind im Radsport selten. Viele Vereine verfügen über eine starke Breitensportabteilung, was der Tatsache geschuldet ist, dass der Straßenradsport auch viele ältere Aktive hat. Kinder, die nicht sofort Radrennen fahren wollen, können also auch über die Schiene des sportlichen Tourenfahrens Erfahrungen sammeln und sich aufbauen.

Kinderrennen sind eine feste Institution beim MTB-Spektakel „Schlaflos im Sattel". Hier werden die Champions von morgen geboren.

Psychoregulation. Neben positivem, selbstbezogenem Erleben des Radfahrens (Geschwindigkeit, Beschleunigung, Technikbeherrschung) können in dieser Altersstufe in verstärktem Maße auch soziale Rückmeldungen von Gleichaltrigen, aber auch wichtiger Bezugspersonen – etwa der (Groß-) Eltern – eine wichtige Rolle spielen. So kann das Kilometerkonto am Ende einer Ausfahrt schon beträchtlich anwachsen, vorausgesetzt, es ist für genügend Trinken und Essen für das notwendige Energietanken zwischendurch gesorgt.

Ab welchem Alter macht ein systematisches Training Sinn? Ab welchem psychischen und emotionalen Entwicklungsstand ist ein geregeltes Training für ein Kind möglich und empfehlenswert?

FRIEDER UFLACKER: Die Frage ist immer: Was ist mit systematischem Training gemeint? Wenn Training eine spielerisch aufgezogene Fahrradreise bedeutet, bei der es gilt, so manche besondere Passage erfolgreich zu meistern (zum Beispiel Slalom/Kurvenfahrten, kurze Verfolgungsjagden oder das Aufstellen von Langsamfahrrekorden) kann damit schon in frühesten Jahren begonnen werden. Wenn systematisches Training vorrangig auf schon längere Ausfahrten und damit auf die konditionellen Aspekte Ausdauer und Kraft zielt, sollte man mindestens warten, bis Kinder ein zweistelliges Alter aufweisen.

Wenn Kinder aus sich heraus Lust auf größere Trainingsumfänge verspüren, spricht nichts dagegen, dem nachzugeben. Man sollte nur nicht von den Kindern erwarten, dass diese Lust auch beim nächsten Trainingstermin in ebenso gesteigerter Form vorhanden ist. Ein umfassenderes, systematisches Radsporttraining und damit eine beginnende Spezialisierung sollte frühestens mit beziehungsweise im Verlauf der Pubertät beginnen, was insbesondere für ein Training im Straßenverkehr gilt – Stichwort Gefahreneinschätzung und verkehrsangepasstes Verhalten.

Sollte ein Kind nur „herumfahren" oder bereits gezielte Übungen machen?

FRIEDER UFLACKER: Kinder, die mit Freude in ihrer vertrauten Umgebung herumfahren und dabei beiläufig ihr Fahrrad im Alltag nutzen, ver-

Das Foto aus der Elternperspektive stellt klar: Auch im wilden Gelände haben Kinder viel Spaß. Aber besser nicht allein.

wachsen eher mit dieser Art der Fortbewegung, als wenn von vornherein (wie etwa in der Schule) Übungen und damit Reglementierungen an der Tagesordnung sind. Fahrradfahren bedeutet vor allem Freiheit – diese sollte man vor allem fördern. Wenn gezielte Übungen dazu dienen, diesen Freiheitsgewinn besser und sicherer gestalten zu können (zum Beispiel Spurhalten, einhändiges Fahren, Umschauen während der Fahrt oder das Bedienen einer Schaltung), sind sie natürlich in prägnanten Einheiten gerne erwünscht und tatsächlich hilfreich.

Was ist sinnvoller: Technik- oder Konditionstraining?

FRIEDER UFLACKER: Dass eine Schulung technischer Fertigkeiten weit vor einem sogenannten Konditionstraining beginnen kann und sinnvoll ist, sollte aus den vorherigen Ausführungen längst ersichtlich geworden sein. Eine Anmerkung: Kondition ist ein sportwissenschaftlicher Sammelbegriff und fasst folgende fünf motorischen Grundfähigkeiten zusammen: Schnelligkeit, Kraft, Ausdauer, Beweglichkeit und Koordination. Wer also eine gute allgemeine Kondition hat, der hat bei Weitem nicht nur Kraft oder Ausdauer.

Was würden Sie radsportinteressierten Kindern empfehlen?

FRIEDER UFLACKER: Fahrradfahren! Wenn möglich, kann man sich einer Gruppe etwa Gleichaltriger anschließen, dann kann es noch mehr Spaß machen und man lernt nebenbei auch noch eine Menge von denjenigen, die das schon länger oder noch besser machen. Wer sich für ein „richtiges" Kinder-/Jugend-Radsporttraining zum Beispiel im Verein interessiert, der sollte das am besten zunächst einmal auf einem Leihrad ausprobieren. Schließlich macht es schon einen großen Unterschied, ob man einer Rennradgruppe auf den breiten Reifen des Alltagsrades hinterherhecheln muss oder es mit einem gleichwertigen Sportgerät ebenso leicht hat wie die anderen. Wenn es in dieser Form Freude bereitet, kann man durchaus bis zu zweimal pro Woche trainieren.

Wer noch mehr Lust auf Sport hat, sollte aber auch andere Sportarten pflegen. Insbesondere Mannschafts- oder Ballspiele können für einen guten, abwechslungsreichen Mix sorgen – und wer sich in anderen Sportarten gut bewegen kann, der macht auch beim Radfahren meist eine bessere Figur! Und: Das Wichtigste ist, dass du Fahrrad fährst oder sogar Radsport betreibst, weil DU es willst und weil es DIR Freude macht, schnell zu sein oder sogar in ersten Rennen erfolgreich zu fahren. Mach dir nicht zu viel aus dem, was andere von dir wollen – sollen sie doch am besten selbst so Rad fahren, wie sie es sich wünschen!

Was würden Sie Eltern radsportinteressierter Kinder für Tipps geben?

FRIEDER UFLACKER: Wie schon gesagt, sollte unbedingt für Ausgleich und bereichernde Abwechslung zum Radfahren gesorgt werden. Radfahren akzentuiert allein in Sachen der konditionellen Fähigkeiten schnell recht einseitig auf Ausdauer und Kraft. Gerade auch soziale Entwicklungsmöglichkeiten sind in anderen (Ball-)Sportarten oft besser gegeben. Seien Sie nicht selber ehrgeiziger als Ihre Kinder, unterstützen und fördern Sie aber ruhig die Neugier auf den Radsport und ermöglichen Sie die damit verbundene Freiheit. Das hat gewiss auch etwas mit (geübter und übertragener) Verantwortung zu tun. Seien Sie vorsichtig mit medialen Radsportlern als möglichen Vorbildern – die meisten taugen allein menschlich nicht wirklich dazu.

Radfahren sollte bei Kindern und Jugendlichen vor allem aufgrund des Radfahrens Freude bereiten und aus sich heraus Motivation bilden. Wer frühzeitig an (überzogene) Belohnungen wie besondere Ehrungen gewöhnt wird oder gar durch materielle Zuwendungen von außen her motiviert wird, wird schneller den Antrieb für das Radfahren verlieren können. Radfahren als Leistungssport sollte primär etwas für schon Ältere, eher Erwachsene sein.

Auf keinen Fall sollte man Kindern zu viel versprechen. Wer im Radsport einmal weiterkommen möchte, der braucht vor allem Geduld, über mehrere Trainingsjahre hinweg. Und selbst wenn es einmal zu einer längeren Radsportpause kommen sollte, so ist später bis ins höchste Alter hinein jederzeit ein neuer Start in die Aktivität möglich. Also bitte keine übertriebene Eile beziehungsweise überzogenen Forderungen an die Kinder stellen, sondern sich lieber selbst mit den „Kleinen" in den Sattel schwingen – das tut ganz sicher allen gut!

Ein umfassenderes, systematisches Radsporttraining und damit eine beginnende Spezialisierung sollte frühestens mit beziehungsweise im Verlauf der Pubertät beginnen.

Herzlichen Dank an:

Alexander Röser, Andreas Binz, Andreas Gehlen, Andi Kromer, Andreas Hombach, Axel Böse, Axel Gieck, Barbara Spielmann, Beate Mertens, Bernd Bohle, Bettina Cibulski, Birgit Greif, Butch Gaudy, Claudia Nowak, Dieter Schreiber, Dominique Stephanie Franke, Doris Klytta, Elisabeth Brandauer, Ellen Haase, Frieder Uflacker, Gabriele Jung, Georg Stingel, Gerd Klose, Gernot Mecke, Gero Teichmann, Gottfried Graupner, Günther Gelber, Hans-Herrmann Deters, Hubert Hager, Jan Begemann, Jens Haug, Jessica Schumacher, Jochen Kleinebenne, Johanna Weishaupt, Jürgen Fischer, Kai Fuchs, Karen Eller, Karin Rademacher, Katharina Herresthal, Katharina Winklbauer, Katja Uhl, Katrin Dröge, Katrin Pfeuffer, Kirsten Hase, Lilo Franzen, Lukas Burs, Marco Kalden, Maria Knoll, Martin Kröger, Martin Schroedter, Michaela Buchholz, Monica Pucci, Monika Jakobs-Sackenheim, Nadia Bremer, Nadine Krieger, Nils Niederheide, Oliver Hensche, Peter Jahn, Petra Schmiedel, Ralf Puslat, René Horvath, Robert Cremer, Roland Huhn, Rolf Mertens, Ronald Siller, Sabine Krippendorf, Sandra Klose, Sebastian Kehr, Sebastian Meyer-Detring, Sjoerd van Rooijen, Stefan Brockmann, Stefan Stiener, Stefan Weiler, Stephan Geiger, Stephan Hahn, Stephanie Römer, Sven Rademacher, Sybille Gerwin, Thomas Libischer, Thomas Müller, Thomas Wikens, Thorsten Lewandowski, Tilman Vögele-Ebering, Timo Wolf, Tina Maas, Tobias Schweter, Tobias Spindler, Tobias Uhl, Uwe Dohse.

Gunnar Fehlau
Jahrgang 1973, lernte das Radfahren erst mit sechs Jahren, holt es aber seither energisch nach: Radreisen, Radrennen, Radabenteuer und Fahrten im Alltag gehören seit über 25 Jahren zu seinen Freizeitbeschäftigungen. Er arbeitete viele Jahre als freier Journalist und gründete 2003 den *pressedienst-fahrrad.* Dessen Anliegen ist es, „dem Qualitätsfahrrad und dessen Anwendung" mehr Aufmerksamkeit zu verschaffen. Dazu passt auch das Engagement des zweifachen Vaters als Fachbuchautor und 2010 die Gründung des Radmagazins *fahrstil,* dessen Herausgeber er ist.

Caspar Gebel
Jahrgang 1968, lebte als Kind seine Motocross-Begeisterung auf dem Dreigangrad aus. All seine Fahrradstürze in jener helmlosen Zeit verliefen glücklicherweise glimpflich und konnten die Liebe zum unmotorisierten Zweirad nicht beeinträchtigen. In späteren Jahren wandte er sich dem Straßenradsport zu, dem er als Freizeitfahrer und Hobbyracer bis heute treu ist. Der überzeugte Alltagsradler befasst sich als Fachjournalist seit über zehn Jahren mit sämtlichen Themen rund ums Fahrrad und ist ständiger Mitarbeiter mehrerer Zeitschriften. Gebel, Vater eines Sohnes, lebt und arbeitet in Bonn.

ABBILDUNGSNACHWEIS

Hersteller (S. 4–5, 7, 10, 12–13, 17, 20–21, 22, 25, 26, 27, 28, 29, 31, 32, 33, 34, 36, 37, 39, 40, 41, 42, 43, 44, 45, 46–47, 51, 52 o., 53, 54, 55 u., 56, 57, 58, 59, 60, 61, 62, 63, 64–65, 67, 70, 73, 74, 75, 76–77, 78, 81, 82, 83, 84, 86, 90–91, 92, 93, 94, 95, 96 o., 98, 100, 102–103, 106, 107 o., 108, 109, 110, 114), koelnmesse (S. 8), Tina Maas (S. 15), Gero Teichmann (S. 16), Kay Tkatzik (S. 18, 72, 96 u., 111 o.), AGR (S. 19), Gregor Bresser (S. 24, 55 o., 97, 99 o., 116), Wibke Raßbach und Axel Bauer (S. 37 u.), Maria Knoll (S. 30, 79), Mic Michels (S. 48), Gunnar Fehlau (S. 50, 52 u., 66, r., 68, 69, 85, 107 u., 111 u., 113), Martin Häußermann (S. 66 l.), Rebekka Brändli & Florian Fisch (S. 80), Katja & Tobias Uhl (S. 87, 88, 89), DVW (S. 99 m./u.,101), ADFC (S. 103)